技工院校"十四五"规划服装设计与制作专业系列教材
中等职业技术学校"十四五"规划艺术设计专业系列教材

服装立体裁剪

曹青华　李春梅　吴念姿　李桂芳　主编

代蕙宁　徐芳　副主编

华中科技大学出版社
http://www.hustp.com
中国·武汉

内容提要

　　本书分为六个项目，内容包括服装立体裁剪认识、立体裁剪技术手法、半身裙立体裁剪、上衣立体裁剪、礼服立体裁剪、立体裁剪综合设计实例。本书结合服装设计专业的技能要求，注重理论与实践相结合，在理论讲解环节做到简洁实用，深入浅出；在工作实训环节，体现以学生为主体，强化教学互动，实训的方式、方法和步骤清晰，可操作性强，适合技工院校和职业院校的学生练习。本书理论讲解细致、严谨，图文并茂，理论和实际结合紧密，实用性强。本书可以作为技工和中职中专院校服装设计专业的教材使用，也可以作为对服装立体裁剪感兴趣的服装设计爱好者的参考用书。

图书在版编目（CIP）数据

服装立体裁剪 / 曹青华等主编 . 一武汉：华中科技大学出版社，2022.7

ISBN 978-7-5680-8507-6

Ⅰ. ①服… Ⅱ. ①曹… Ⅲ. ①立体裁剪 - 教材 Ⅳ. ① TS941.631

中国版本图书馆 CIP 数据核字 (2022) 第 119392 号

服装立体裁剪
Fuzhuang Liti Caijian

曹青华　李春梅　吴念姿　李桂芳 主编

策划编辑：金　紫

责任编辑：周怡露

装帧设计：金　金

责任监印：朱　玢

出版发行：华中科技大学出版社（中国·武汉）　　　电　　话：（027）81321913

　　　　　武汉市东湖新技术开发区华工科技园　　　邮　　编：430223

录　　排：天津清格印象文化传播有限公司

印　　刷：湖北新华印务有限公司

开　　本：889mm×1194mm　1/16

印　　张：8

字　　数：245 千字

版　　次：2022 年 7 月第 1 版第 1 次印刷

定　　价：49.80 元

技工院校"十四五"规划服装设计与制作专业系列教材
中等职业技术学校"十四五"规划艺术设计专业系列教材
编写委员会名单

● 编写委员会主任委员

文健（广州城建职业学院科研副院长）　　　　宋雄（广州市工贸技师学院文化创意产业系副主任）

叶晓燕（广东省城市技师学院环境设计学院院长）　　张倩梅（广东省城市技师学院文化艺术学院院长）

周红霞（广州市工贸技师学院文化创意产业系主任）　吴锐（广州市工贸技师学院文化创意产业系广告设计教研组组长）

黄计惠（广东省轻工业技师学院工业设计系教学科长）　汪志科（佛山市拓维室内设计有限公司总经理）

罗菊平（佛山市技师学院艺术与设计学院副院长）　林姿含（广东省服装设计师协会副会长）

吴建敏（东莞市技师学院商贸管理学院服装设计系主任）蔡建华（山东技师学院环境艺术设计专业部专职教师）

赵奕民（阳江市第一职业技术学校教务处主任）　石秀萍（广东省粤东技师学院工业设计系副主任）

● 编委会委员

陈杰明、梁艳丹、苏惠慈、单芷颖、曾铮、陈志敏、吴晓鸿、吴佳鸿、吴锐、尹志芳、陈思彤、曾洁、刘毅艳、杨力、曹雪、高月斌、陈矗、高飞、苏俊毅、何淦、欧阳敏琪、张琮、冯玉梅、黄燕瑜、范婕、杜聪聪、刘新文、陈斯梅、邓卉、卢绍魁、吴婧琳、钟锡玲、许丽娜、黄华兰、刘筠烨、李志英、许小欣、吴念姿、陈杨、曾琦、陈珊、陈燕燕、陈媛、杜振嘉、梁露茜、何莲娣、李谋超、刘国孟、刘芊宇、罗泽波、苏捷、谭桑、徐红英、阳彤、杨殿、余晓敏、刁楚舒、鲁敬平、汤虹蓉、杨嘉慧、李鹏飞、邱悦、冀俊杰、苏学涛、陈志宏、杜丽娟、阳丽艳、黄家岭、冯志瑜、丛章永、张婷、劳小芙、邓梓艺、龚芷玥、林国慧、潘启丽、李丽雯、赵奕民、吴勇、刘洁、陈玥冰、赖正媛、王鸿书、朱妮迈、谢奇肯、杨晓玲、吴滨、胡文凯、刘灵波、廖莉雅、李佑广、曹青华、陈翠筠、陈细佳、代蕙宁、古燕苹、胡年金、荆杰、李津真、梁泉、吴建敏、徐芳、张秀婷、周琼玉、张晶晶、李春梅、高慧兰、陈婕、蔡文静、付盼盼、谭珈奇、熊洁、陈思敏、陈翠锦、李桂芳、石秀萍、周敏慧、邓兴兴、王云、彭伟柱、马殷睿、汪恭海、李竞昌、罗嘉劲、姚峰、余燕妮、何蔚琪、郭咏、马晓辉、关仕杰、杜清华、祁飞鹤、赵健、潘泳贤、林卓妍、李玲、赖柳燕、杨俊龙、朱江、刘珊、吕春兰、张焱、甘明坤、简为轩、陈智盖、陈佳宜、陈义春、孔百花、何旭、刘智志、孙广平、王婧、姚歆明、沈丽莉、施晓凤、王欣苗、陈洁冬、黄爱莲、郑雁、罗丽芬、孙铁汉、郭鑫、钟春琛、周雅靓、谢元芝、羊晓慧、邓雅升、阮燕妹、皮添翼、麦健民、姜兵、童莹、黄汝杰、薛晓旭、陈聪、邝耀明

● 总主编

文健，教授，高级工艺美术师，国家一级建筑装饰设计师。全国优秀教师，2008 年、2009 年和 2010 年连续三年获评广东省技术能手。2015 年被广东省人力资源和社会保障厅认定为首批广东省室内设计技能大师，2019 年被广东省教育厅认定为建筑装饰设计技能大师。中山大学客座教授，华南理工大学客座教授，广州大学建筑设计研究院室内设计研究中心客座教授。出版艺术设计类专业教材 120 种，拥有具有自主知识产权的专利技术 130 项。主持省级品牌专业建设、省级实训基地建设、省级教学团队建设 3 项。主持 100 余项室内设计项目的设计、预算和施工，项目涉及高端住宅空间、办公空间、餐饮空间、酒店、娱乐会所、教育培训机构等，获得国家级和省级室内设计一等奖 5 项。

● 合作编写单位

（1）合作编写院校

广州市工贸技师学院	广州市蓝天高级技工学校
佛山市技师学院	茂名市交通高级技工学校
广东省城市技师学院	广州城建技工学校
广东省轻工业技师学院	清远市技师学院
广州市轻工技师学院	梅州市技师学院
广州白云工商技师学院	茂名市高级技工学校
广州市公用事业技师学院	汕头技师学院
山东技师学院	广东省电子信息高级技工学校
江苏省常州技师学院	东莞实验技工学校
广东省技师学院	珠海市技师学院
台山敬修职业技术学校	广东省机械技师学院
广东省国防科技技师学院	广东省工商高级技工学校
广州华立学院	深圳市携创高级技工学校
广东省华立技师学院	广东江南理工高级技工学校
广东花城工商高级技工学校	广东羊城技工学校
广东岭南现代技师学院	广州市从化区高级技工学校
广东省岭南工商第一技师学院	肇庆市商业技工学校
阳江市第一职业技术学校	广州造船厂技工学校
阳江技师学院	海南省技师学院
广东省粤东技师学院	贵州省电子信息技师学院
惠州市技师学院	广东省民政职业技术学校
中山市技师学院	广州市交通技师学院
东莞市技师学院	广东机电职业技术学院
江门市新会技师学院	中山市工贸技工学校
台山市技工学校	河源职业技术学院
肇庆市技师学院	山东工业技师学院
河源技师学院	深圳市龙岗第二职业技术学校

（2）合作编写组织

- 广州市赢彩彩印有限公司
- 广州市壹管念广告有限公司
- 广州市璐鸣展览策划有限责任公司
- 广州波错展览设计有限公司
- 广州市风雅颂广告有限公司
- 广州质本建筑工程有限公司
- 广东艺博教育现代化研究院
- 广州正雅装饰设计有限公司
- 广州唐寅装饰设计工程有限公司
- 广东建安居集团有限公司
- 广东岸芷汀兰装饰工程有限公司
- 广州市金洋广告有限公司
- 深圳市千千广告有限公司
- 广东飞墨文化传播有限公司
- 北京迪生数字娱乐科技股份有限公司
- 广州易动文化传播有限公司
- 广州市云图动漫设计有限公司
- 广东原创动力文化传播有限公司
- 菲逊服装技术研究院
- 广州珈钰服装设计有限公司
- 佛山市印艺广告有限公司
- 广州道恩广告摄影有限公司
- 佛山市正和凯歌品牌设计有限公司
- 广州泽西摄影有限公司
- Master 广州市爝大师艺术摄影有限公司

序 言

　　技工教育和中职中专教育是中国职业技术教育的重要组成部分，主要承担培养高技能产业工人和技术工人的任务。随着"中国制造2025"战略的逐步实施，建设一支高素质的技能人才队伍是实现规划目标的必备条件。如今，国家对职业教育越来越重视，技工和中职中专院校的办学水平已经得到很大的提高，进一步提高技工和中职中专院校的教育、教学和实训水平，提升学生的职业技能，弘扬和培育工匠精神，已成为技工院校和中职中专院校的共同目标。而高水平专业教材建设无疑是技工院校和中职中专院校教育特色发展的重要抓手。

　　本套规划教材以国家职业标准为依据，以综合职业能力培养为目标，以典型工作任务为载体，以学生为中心，根据典型工作任务和工作过程设计教学项目和学习任务。同时，按照工作过程和学生自主学习的要求进行内容设计，实现理论教学与实践教学合一、能力培养与工作岗位对接合一、实习实训与顶岗工作合一。

　　本套规划教材的特色在于，在编写体例上与技工院校倡导的"教学设计项目化、任务化，课程设计教、学、做一体化，工作任务典型化，知识和技能要求具体化"紧密结合，体现任务引领实践的课程设计思想，以典型工作任务和职业活动为主线设计教材结构，以职业能力培养为核心，将理论教学与技能操作相融合作为课程设计的抓手。本套规划教材在理论讲解环节做到简洁实用、深入浅出；在实践操作训练环节体现以学生为主体的特点，创设工作情境，强化教学互动，让实训的方式、方法和步骤清晰，可操作性强，并能激发学生的学习兴趣，促进学生主动学习。

　　本套规划教材由全国50余所技工院校和中职中专院校服装设计专业共60余名一线骨干教师与20余家服装设计公司一线服装设计师联合编写。校企双方的编写团队紧密合作，取长补短，建言献策，让本套规划教材更加贴近专业岗位的技能需求，也让本套规划教材的质量得到了充分的保证。衷心希望本套规划教材能够为我国职业教育的改革与发展贡献力量。

技工院校"十四五"规划服装设计与制作专业系列教材
总主编
中等职业技术学校"十四五"规划艺术设计专业系列教材

教授／高级技师 文健

2021年5月

前　言

　　服装立体裁剪是服装设计专业的一门必修课程，本书系统地讲解了服装立体裁剪的相关知识点和技能要求，从服装人台制作、标记线绘制，花饰、褶饰、缝饰和编织的技法，到裙子、衬衫、外套和礼服等不同样式的服装的立体裁剪技法都进行了相应的制作步骤讲解和示范。本书有利于培养学生的服装立体造型创意想象能力和服装立体裁剪能力。

　　本书结合服装设计专业的技能要求，注重理论与实践相结合，在理论讲解环节做到简洁实用，深入浅出；在工作实训环节，体现以学生为主体，强化教学互动，实训的方式、方法和步骤清晰，可操作性强，适合技工院校和职业院校的学生练习。本书理论讲解细致、严谨，图文并茂，理论和实际结合紧密，实用性强。本书可以作为技工和中职中专院校服装设计专业的教材使用，也可以作为对服装立体裁剪感兴趣的服装设计爱好者的参考用书。

　　本书在编写过程中得到了广东省轻工业技师学院、广东省城市技师学院、广州华立技师学院、广东省粤东技师学院、东莞市技师学院师生的大力支持和帮助，在此表示衷心的感谢。由于编者的水平有限，书中不足之处，敬请读者批评指正。

曹青华

2022 年 5 月

课时安排（建议课时 60）

项目	课程内容	课时	
项目一 服装立体裁剪认识	学习任务一　服装立体裁剪概述	2	4
	学习任务二　服装立体裁剪准备	2	
项目二 立体裁剪技术手法	学习任务一　花饰技法	2	8
	学习任务二　褶饰技法	2	
	学习任务三　缝饰技法	2	
	学习任务四　编织技法	2	
项目三 半身裙立体裁剪	学习任务一　基础款半身裙立体裁剪	4	10
	学习任务二　时尚款半身裙立体裁剪	6	
项目四 上衣立体裁剪	学习任务一　衣身立体裁剪	6	18
	学习任务二　衬衫立体裁剪	6	
	学习任务三　外套立体裁剪	6	
项目五 礼服立体裁剪	学习任务一　简约型礼服立体裁剪	6	12
	学习任务二　创意型礼服立体裁剪	6	
项目六 立体裁剪综合设计实例			8

目 录

项目一
服装立体裁剪认识

服装立体裁剪概述

教学目标

（1）专业能力：了解服装立体裁剪的基本概念、特点和意义。

（2）社会能力：了解常规的服装立体裁剪的操作方式。

（3）方法能力：三维立体思维能力、实践动手能力。

学习目标

（1）知识目标：了解服装立体裁剪的基本概念。

（2）技能目标：能理解服装立体裁剪的特点和价值。

（3）素质目标：具备一定的立体造型能力。

教学建议

1. 教师活动

教师讲解服装立体裁剪的基本概念、特点和意义，并引导学生了解常规的服装立体裁剪的操作方式。

2. 学生活动

聆听教师讲解服装立体裁剪的基本概念、特点和意义，并思考服装立体裁剪的价值。

一、学习问题导入

立体裁剪是服装设计的一种造型手法。其方法是选用与面料特性相接近的试样布，直接披挂在人体模型上进行裁剪与设计，故有"软雕塑"之称，具有技术与艺术的双重特性。用立体裁剪的方法可以制作出富有表现力的时装，如图 1-1 所示。

二、学习任务讲解

1. 立体裁剪的概念

立体裁剪是服装设计的一种造型手法，就是直接用纸或胚布缠裹于模特身上，或者选用与面料特性相接近的试样布，直接披挂在人体模型上，利用标注线、贴纸、剪刀、大头针、针线进行裁剪与设计的服装剪裁方法。其一般运用于版型讲究的高级时装或无法直接用平面制版而成的款式。

布料优越的悬垂性，能够产生优美的皱褶形态。立体裁剪可以制作出表面肌理丰富的服装造型。立体裁剪的操作步骤并不复杂，关键是手法要规范、准确，要将立体裁剪所获得的版型拓展到平面的纸样上去。

在服装设计领域，模仿款式相对比较容易，但是版型难以准确模仿，而且现在时装设计中越来越多的款式细节变化都离不开立体剪裁。许多版型师长期致力于平面版型制作，常受困于公式与尺寸，无法在版型的制作上体现想象力和创造力。而立体裁剪可以帮助版型师减少尺寸的束缚，在一定的尺寸基础上灵活变化和运用。

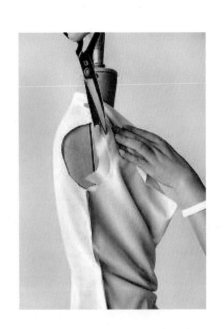

图 1-1 服装立体裁剪

近年来版型设计从业人员已经开始意识到掌握立体剪裁的重要性，立体裁剪结合工艺的制作和布料的特性，制作出来的版型更加生动、自然。

2. 立体裁剪与平面裁剪的关系

在服装行业术语里，裁剪是指将一件服装的结构平面化，成为可供工业生产用的纸样裁片，并对所有裁片的造型线条、各项尺寸参数以及结构工艺的处理进行综合运用的过程。

立体剪裁与平面剪裁是不同的裁剪方法。立体剪裁是三维立体裁剪，它的操作方法是将布料直接覆盖在人台或者人体上，通过分割、折叠、抽缩、拉展等技术手法制成预先构思好的服装造型，剪裁后再从人台上或人体上取下裁好的布样在平面上修正，并且转换得到更加精确得体的纸样，再制成服装的技术手法。立体剪裁的衣服穿起来更舒服、更合身，因此更受人喜欢。平面剪裁是通过平面二维的方法去设计和制作可以应用到工业化生产的纸样裁片。对版型设计师而言，平面剪裁的准确性和效率比立体裁剪高，因此对于简单且容易实现的款型，一般采用平面剪裁。对于复杂造型，一般采用立体剪裁，或者平面裁剪和立体剪裁相结合，即部分采用平面裁剪，在一些复杂难以把握体积和松量的细节局部上，使用立体剪裁。

3. 立体裁剪的特点

（1）直观性。

立体裁剪是一种模拟人体穿着状态的裁剪方法，可以直接感知成衣的穿着形态、特征及松量等，是公认的最简便、最直接的观察人体体型与服装构成关系的裁剪方法，直观性强。

（2）实用性。

立体裁剪不仅适用于结构简单的服装，更适用于款式多变的时装。立体裁剪既适用于西式服装，也适用于中式服装。同时，由于立体裁剪不受传统平面计算公式的限制，而是按设计的需要在人体模型上直接进行裁剪创作，更适用于个性化的品牌时装设计与制作。

（3）适应性。

立体裁剪技术不仅适合专业设计和技术人员操作，也非常适合初学者学习。版型设计师只有掌握立体裁剪的操作技法和基本要领，具有一定的审美能力，才能自由地发挥想象力，进行设计与创作。

（4）灵活性。

立体裁剪在操作过程中，可以边设计、边裁剪、边改进，随时观察效果、随时纠正问题。这样就能解决平面裁剪中许多难以解决的造型问题。比如在礼服的设计和制作中，出现不对称、多皱褶及不同面料组合的复杂造型，如果采用平面裁剪方法难以实现，而用立体裁剪就可以方便、快捷地将形体塑造出来。

（5）准确性。

平面裁剪是经验性的裁剪方法，设计与创作往往受设计者的经验及立体几何空间的局限，不易达到理想的效果。而立体裁剪与人体结构紧密接触，准确性高。立裁配领如图1-2所示。

4. 学习立体剪裁的意义和价值

学习立体剪裁，版型设计师能够通过实践提高服装设计创意水平和技术能力，提升设计的品质和造型的原创性，提升版型设计师多元化的设计手法，提高审美能力、造型能力，以及工艺处理能力。

从版型设计和工艺处理来看，立体剪裁可以使版型设计师从立体多维的角度提升自己对量和空间造型的把握能力，这样能够使版型设计师在运用平面裁剪进行制版的过程当中，对立体空间造型、省量变化的处理及放松量的配置更精准，更有效果。

5. 立裁使用材料的对比分析

不同的国家文化背景不同，服装立体裁剪所用的材料也不尽相同。在日本，从院校到服装企业，大多采用布料来进行立体剪裁的操作，这体现了他们理性、严谨的风格。在欧洲，尤其是意大利，很多版型设计师用纸来进行立体剪裁，这体现了他们浪漫、不拘一格的文化。在法国，很多版型设计师直接使用接近正确面料风格的试样布进行立体剪裁的制版工作，这体

图1-2　立裁配领

现了他们在制作高级时装与高级成衣的过程中追求完美品质的特点。

　　用白纸做立体剪裁，相对白坯布和布料成本要便宜很多。而对于设计制作人员而言，价格是一个很重要的考量因素。坯布有布料的质感和重量，在某些款型中更接近设计效果，成本比纸要贵。而接近正确布料的试样布料价格最贵，而且最接近实际效果，但是对于版型设计人员而言，操作的要求更高。白纸只需要用铅笔画出纱向线就可以开始工作，前期准备工作方便、快捷。前期用的白坯布和布料需要先整烫归正，然后精确找出纱向。白纸可塑性比较强，方便制作插肩袖、插角袖等。只要结构上存在问题，马上会在白纸上体现出来，而坯布或布料由于面料本身的兼容性，有些问题在立体剪裁的制版过程中往往不容易被发现。

　　用胚布和试样布花的时间比较长，对于一些初学者而言，可能略显烦琐，但是企业要求裁剪更加精确，接近最终的效果，减少打版、改版的次数，提高效率，往往不在乎试样布的成本。根据版型设计师进行立体剪裁制作的习惯，可以结合白纸或面料等不同材料。

　　综合上述情况，在企业中运用白纸做立体裁剪可以节省很多时间，提高工作效率。用坯布可以方便保存，甚至经过简单缝制后可以作为样衣试穿。而白纸价格虽然低廉，但容易损坏，其保存受到环境影响的因素多，如受潮后纸的尺寸发生变化。用不同材料进行立体裁剪的制版如图 1-3 ～图 1-5 所示。

图 1-3　用白纸进行立体裁剪的制版　　图 1-4　用坯布进行立体裁剪的制版

图 1-5　用布料进行立体裁剪的制版过程

学习任务 二　服装立体裁剪准备

教学目标

（1）专业能力：了解立体裁剪常用工具、材料、人台，掌握大头针的扎别方法。

（2）社会能力：能正确使用立体裁剪工具，会整理坯布，会正确贴人台标志线，会正确使用大头针，能选用合适的方法扎别布料。

（3）方法能力：能总结所学知识要点并加以应用。

学习目标

（1）知识目标：认识常用的立体裁剪工具、人台类型和布料。

（2）技能目标：能合理选用立体裁剪工具、人台、布料，会整理坯布，能进行人台的补正，会贴人台基本标志线，会正确使用大头针，会使用大头针扎别布料。

（3）素质目标：具备一定的裁剪操作能力。

教学建议

1. 教师活动

（1）发放立体裁剪需准备的材料和用具清单，要求学生做好课前准备。

（2）讲解立体裁剪常用工具、材料、人台的知识。

（3）借助多媒体技术、图片、实物帮助学生认识立体裁剪工具及技术的准备。

（4）教师示范和引导学生学习坯布的整理、人台补正方法、人台标志线粘贴及大头针的扎别方法。

2. 学生活动

（1）阅读教材，认识立体裁剪常用工具、材料及人台分类。

（2）观看教师示范，学习坯布的整理方法、人台的补正、人台基本标志线的贴制、大头针的使用及大头针别合布料的方法，并完成相应的技能练习。

一、学习问题导入

"工欲善其事，必先利其器。"立体裁剪实践操作也需要专门的工具和材料，在立体裁剪操作之前还需要做一些简单的准备工作，本次任务我们一起来学习立体裁剪所需工具、材料及其使用方法。

二、学习任务讲解

1. 服装立体裁剪工具和材料

服装立体裁剪工具和材料见表1-1。

表1-1 服装立体裁剪工具和材料

序号	品类	图示	备注
1	人台		（1）黑白两色裸体模型，能正确反映人体体型和规格尺寸，能够插入大头针； （2）可以按年龄段、体型或性别等分类，如儿童人台、成人人台，胖体人台、瘦体人台，女体人台、男体人台等； （3）按比例分有1：1人台、1：2人台、1：3人台、1：4人台； （4）常用国内服装号型：女装GB160/84A、男装GB175/92A
2	坯布		一般用白色棉坯布，可根据服装廓形需要选择不同的厚度和密度
3	大头针、针插		（1）立体裁剪一般选用长35mm左右，直径0.5mm或0.4mm的不锈钢材质大头针，0.4mm的大头针适用薄质地材料； （2）针插主要用于收纳大头针

序号	品类	图示	备注
4	剪刀		准备一把剪布的大剪刀，一把剪线头和纸的小剪刀
5	熨斗		将布料熨烫平整，一般选择合适的干烫温度
6	皮尺		测量人台部位尺寸
7	直尺		绘制服装样板
8	铅笔橡皮	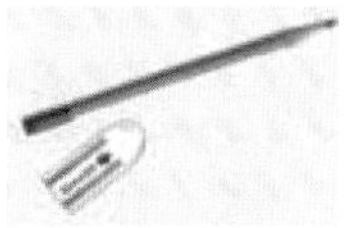	准备黑色和彩色两种铅笔，黑色铅笔绘制样板，彩色铅笔方便在布料上做记号
9	描线器		拷贝纸样
10	棉花	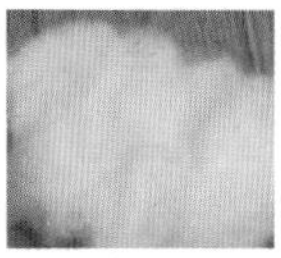	用于人台补正
11	标记带		一般选用 0.3cm 左右的纸质胶带，为了醒目，颜色要与人台有较大区别
12	拷贝纸		拷贝布样制作纸样用

2. 坯布的准备

进行立体裁剪操作之前，需要对选用的白坯布进行整形处理，要求面料的经纬纱向垂直，保证纱向的准确性。因为纱向有问题会直接影响穿着效果，如出现扭曲、松垂、下摆不齐、波浪不均匀等现象。整理步骤如下。

第一步：去边。

撕取下来的坯布较紧的布边撕去 2cm 左右，同时在经向做好记号，因为去掉布边后，经纬向容易混淆，如图 1-6 所示。

第二步：拉直、烫平。

布料撕下后会发生变形，须一手按住布料，一手向撕扯的反向拉伸整理布料，并选择熨斗干烫的方法沿布料对角线方向拔烫布料，拉直布边。烫平拉直后的坯布，用直角三角板检验四个角是否都是直角，整理好的坯布顺着经向折卷后用大头针悬于人台备用，如图 1-7 所示。

图 1-6 去边

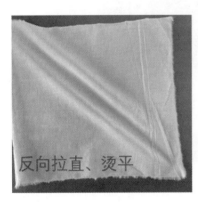  

图 1-7 拉直、烫平

3. 人台的准备

为了方便操作，在立体裁剪之前，需要做一些人台的准备工作，如标记带的贴制、人台的补正等。

（1）标记带的贴制。

人台上的标志线是立体裁剪的基准线，主要包括前后中心线、胸围线、腰围线、臀围线、侧缝线、颈跟围线、肩线、前后公主线等。贴制时要保证人台竖直、稳固，并借助直尺、皮尺、测高仪等工具。标志带贴制完成效果如图 1-8 所示。

（2）人台的补正。

针对人体在胸部、腰部、腹部、背部、肩部与标准人台有差异，或者因服装特殊造型的需要，在进行立体裁剪前需要对标准人台做体型的补正，如图 1-9 所示。补正材料一般使用较软的垫料，如胸棉、肩棉等，补正时边缘要自然变薄，过渡自然，四周用大头针固定。

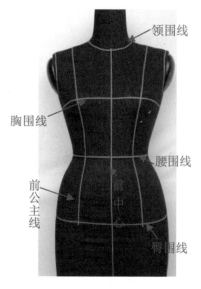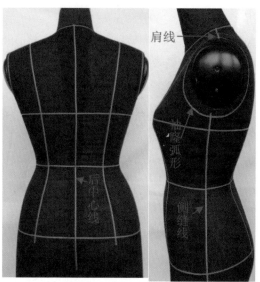

图 1-8 标记带的贴制

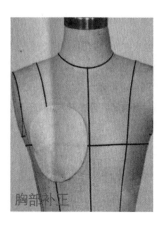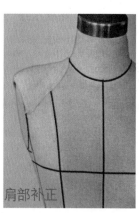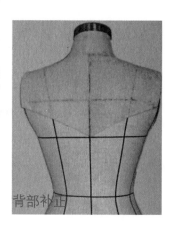

图 1-9 人台的补正

4. 大头针的使用方法

正确使用大头针是进行立体裁剪的一项基本要求。用针不正确或不恰当，都会影响造型效果及操作效率，因此在进行立体裁剪操作前，必须掌握正确的大头针使用方法。见表 1-2。

表 1-2 大头针固定及别合方法

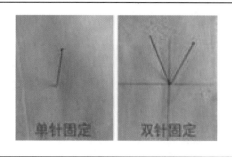	把布料固定在人台上，大头针斜插固定布料，一般斜向插入半个针头左右

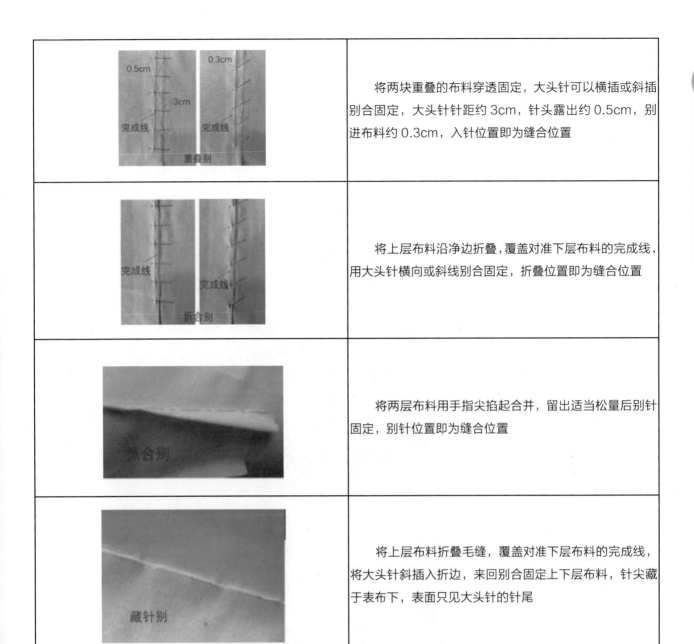

	将两块重叠的布料穿透固定，大头针可以横插或斜插别合固定，大头针针距约3cm，针头露出约0.5cm，别进布料约0.3cm，入针位置即为缝合位置
	将上层布料沿净边折叠，覆盖对准下层布料的完成线，用大头针横向或斜线别合固定，折叠位置即为缝合位置
	将两层布料用手指尖掐起合并，留出适当松量后别针固定，别针位置即为缝合位置
	将上层布料折叠毛缝，覆盖对准下层布料的完成线，将大头针斜插入折边，来回别合固定上下层布料，针尖藏于表布下，表面只见大头针的针尾

三、学习任务小结

通过本次任务的学习，同学们初步了解了立体裁剪的工具和材料，了解了立体裁剪坯布的整理方法，以及人台的准备和大头针的使用方法。课后，大家要根据课堂所学进行实践操作训练，提升动手能力。

四、课后作业

在人台上固定坯布，并练习大头针的操作方法。

项目二
立体裁剪技术手法

学习任务 一　花饰技法

教学目标

（1）专业能力：能认识立体裁剪常用的花饰技法。

（2）社会能力：能选用合适的服装材料，运用立体花饰技法制作立体花。

（3）方法能力：艺术造型能力、实践动手能力。

学习目标

（1）知识目标：掌握服装立体裁剪中立体花饰的制作方法。

（2）技能目标：能合理选用材料，制作立体玫瑰花、毛球花、向日葵花。

（3）素质目标：具备一定的立体造型能力和裁剪能力。

教学建议

1. 教师活动

（1）发放立体花饰需准备的材料和用具清单，要求学生做好课前准备。

（2）教师讲解和示范立体花饰的制作方法，并指导学生实训。

2. 学生活动

（1）阅读教材，准备花饰制作材料和工具。

（2）观看教师示范，学习花饰制作方法，并完成相应的技能实训。

一、学习问题导入

在服装设计中，运用立体花饰作为装饰的题材越来越多。立体花饰在服装设计中具有很强的表现力，能够起到画龙点睛的作用，是服装装饰设计中非常重要的一种技术手法，如图2-1和图2-2所示，本次任务我们一起来学习几款立体花饰的制作方法。

图 2-1 立体花饰 1　　　　图 2-2 立体花饰 2

二、学习任务讲解

1. 小型玫瑰花制作步骤

步骤一：准备一条长 30cm、宽 8cm 的条形布料、手针和线。

步骤二：将布料的一段折叠，并手缝对折部位边缘。

步骤三：将缝线拉紧，缠绕整理出玫瑰花苞造型，如图2-3所示。

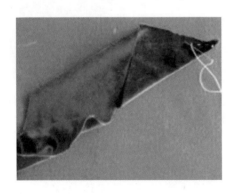

图 2-3 小型玫瑰花制作

2. 中型多层玫瑰花制作

步骤一：准备一条长 50cm、宽 5cm 的双层斜丝布料 。

步骤二：将两端剪斜，沿边缘手缝 。

步骤三：将缝线拉紧，将抽缩的布料绕着中心包裹，即可做出多层玫瑰花造型，如图2-4所示。

3. 毛球花制作

步骤一：裁6片直径7cm的圆形布料并对折。片数越多，花型越大。布料也可以裁成正方形，如图2-5所示。

步骤二：将对折后的半圆再折成3等份，如图2-6所示。

步骤三：用针将折好的花瓣缝好，并首尾相接，完成毛球花制作，如图2-7和图2-8所示。

用正方形布块制作毛球花的完成效果如图2-9所示，注意制作时第一步要错位对折。

图 2-4 中型多层玫瑰花制作

图 2-5 毛球花制作步骤一

图 2-6 毛球花制作步骤二

图 2-7 毛球花制作步骤三

图 2-8 毛球花制作完成效果

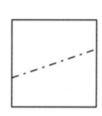

图 2-9 用正方形布块制作毛球花的完成效果

4. 向日葵花制作

步骤一：准备一个直径3cm的圆形无纺布、一个装饰扣及长度70cm、宽度5cm的布料，并在布料的一边剪一些缺口，如图2-10所示。

步骤二：在无缺口的一边做手缝，如图2-11所示。

步骤三：将缝线拉紧，首尾相接形成圆形，在反面用无纺布固定，正面钉缝装饰扣，完成向日葵花制作，如图2-12所示。

图2-10 向日葵花制作材料

图2-11 手缝向日葵花

图2-12 向日葵花制作完成

三、学习任务小结

通过本次任务的学习和实训，同学们已经初步掌握了立体花饰所用的材料和制作方法。立体花饰是服装的重要装饰元素，可以美化服饰。课后，大家要反复练习本次任务所学的立体花饰制作方法，做到熟能生巧。

四、课后作业

制作本次任务的两款立体花饰。

学习任务 二 褶饰技法

教学目标

（1）专业能力：了解立体裁剪中的褶饰设计方法，掌握几种典型的褶饰的制作方法。

（2）社会能力：具备一定的自我学习能力、语言表达能力、空间想象能力和创新能力。

（3）方法能力：能在专业技能上主动多实践，具备一定的立体造型能力。

学习目标

（1）知识目标：掌握抽褶、折叠褶、垂坠褶、波浪褶的立体裁剪方法。

（2）技能目标：能进行抽褶、折叠褶、垂坠褶、波浪褶的立体裁剪实训。

（3）素质目标：自主学习、举一反三，具备团队协作精神，培养综合动手能力。

教学建议

1. 教师活动

（1）教师展示前期收集的不同类型的礼服款式的图片，提高学生对立体裁剪的认识，激发学生学习兴趣。

（2）教师示范各类褶饰的立体裁剪方法，并指导学生进行褶饰立体裁剪。

2. 学生活动

观看教师示范各类褶饰的立体裁剪方法，并在教师的指导下进行褶饰立体裁剪实训。

一、学习问题导入

各位同学，大家好，今天我们一起来学习褶饰技法。褶饰设计就是利用面料本身的特性，使面料通过折叠、缠绕、抽缩、堆积等造型方法，产生各种形式的褶纹，从而呈现不同的肌理效果的设计制作手法。褶饰设计是立体裁剪中常用的立体造型手法。常见的褶饰有抽褶、折叠褶、垂坠褶、波浪褶等，在舞台装和创意装中应用广泛。

二、学习任务讲解

1. 抽褶

抽褶也称为缩褶，它赋予服装丰富的造型变化。服装抽褶具有功能性和装饰性的效果，广泛运用于上衣、裙子、袖子等的设计中。抽褶能把服装面料较长、较宽的部分缩短或减小，使服装更加美观。线、面均可作为起褶单位。抽褶通过对布料的反复折叠、收紧，呈现收缩效果的褶纹，适用于主要部位的强调和服装展示设计。抽褶的运用如图 2-13 和图 2-14 所示。

图 2-13 抽褶在上衣中的运用　　　图 2-14 抽褶在连衣裙中的运用

抽褶实训步骤如下。

（1）首先要粗缝，用平针缝法，在缝份处缝一条线，把需要打褶的面料平缝。注意：每一针的针距要相等，这样拉出来的褶子才均匀、美观。

（2）抽线时观察褶量的大小，合适后把线固定，具体如图 2-15 所示。

2. 折叠褶

折叠褶是通过对面料的反复折叠形成有叠加效果的立体褶纹，比较有韵律感和立体效果，可用于强调局部立体造型，如图 2-16 所示。

（a）准备裁片及针线

（b）用平针粗缝 0.8 缝份

（c）平针粗缝均匀

（d）抽褶效果

图 2-15 抽褶实训

图 2-16 折叠褶在服装中的应用

折叠褶实训步骤如下。

（1）备布。

长度：取用衣身长。

宽度：取用褶饰造型宽度的 3 倍。

（2）做出褶饰造型。

（a）在布料上标记褶量位置。

（b）在布料上折叠出褶量，用针固定。

（c）熨烫褶型。

（d）车缝固定褶位。

折叠褶实训如图 2-17 所示。

（a）褶位做上标记点

（b）固定褶位大小

（c）熨烫褶型

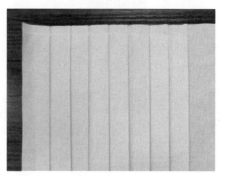

（d）车缝固定褶位

图 2-17　折叠褶实训

3. 垂坠褶

垂坠褶是利用面料的悬垂特性，在衣身上或是两点间形成的自然悬垂的褶纹，此种褶纹具有线条流畅、自然简约的效果，在绸、纱、缎等轻薄面料上应用广泛。常见的应用有垂荡领、重荡袖等，如图 2-18 所示。垂坠褶实训如图 2-19 所示。

4. 波浪褶

波褶也叫波浪褶、荷叶褶，呈现轻盈奔放、自由流动的纹理状态，褶纹灵活、轻盈。波褶以点、线作起褶单位，利用面料斜纱的特点和内外圈边长的差数，使外圈长出的布量形成波浪式褶纹。褶

图 2-18　垂坠褶在服装中的应用

纹随着内外圈边长差数的大小而变化，差数越大，褶纹越多。此种褶纹应用广泛，常见的应用有波浪裙、波浪领、波浪袖等，如图 2-20 所示。波浪褶实训如图 2-21 所示。

（a）斜纱面料　　　　　　　（b）做出第一个褶　　　　　　　（c）做出第二个褶

图 2-19　垂坠褶实训

　　　　　　　　　　　　　　　　　　　　（a）波浪褶的裁剪　　　　　　　（b）波浪褶的效果

图 2-21　波浪褶在服装中的应用　　　　　　　图 2-21　波浪褶实训

三、学习任务小结

　　通过本次任务的学习和实训，同学们已经初步了解了立体裁剪中的褶饰设计与制作的方法，掌握了抽褶、折叠褶、垂坠褶、波浪褶的立体裁剪方法。课后，大家要反复练习本次任务所学的褶饰设计与制作的方法，做到熟能生巧。

四、课后作业

　　裁剪一款抽褶服装。

学习任务 三 缝饰技法

教学目标

（1）专业能力：了解经典的缝饰图案，能够分辨服饰缝饰造型的类别，并灵活运用缝饰技法辅助立体裁剪。

（2）社会能力：培养缝饰图案设计的审美能力，训练造型能力。

（3）方法能力：设计创新能力、设计表现能力。

学习目标

（1）知识目标：了解缝饰纹样的概念和分类，分析缝饰纹样的制作技法，学习服装缝饰设计的方法。

（2）技能目标：能合理地运用缝饰纹样的表现技法，充分体现创意思路，结合立体裁剪的特点，创造性地进行服装缝饰设计。

（3）素质目标：理解缝饰图案的内在规律和形式特征，培养设计创新能力。

教学建议

1. 教师活动

（1）选取一个具有代表性的品牌服饰秀场视频在课堂上播放，讲解缝饰工艺在服饰设计中的使用技巧，并在课堂上发起讨论，让学生参与缝饰图案设计。

（2）收集大量缝饰工艺设计作品，并进行归类，结合课程内容，图文并茂地进行讲解，强化学生对知识点的理解。

2. 学生活动

（1）选取一类感兴趣的缝饰工艺造型，收集相关图片文字资料进行深度分析，并运用相应的缝饰技法进行制作。

（2）将缝饰技法实训融入立裁作品中，呈现整体与细节的统一美感。

一、学习问题导入

如图 2-22 所示，这是意大利知名服饰品牌的两款经典礼服，呈现了优雅的女性气质，礼服上的褶皱造型迥异，各有特色。请同学们仔细观察并思考一下，这两种褶皱分别具有什么样的风格和设计特点。

图 2-22 经典礼服

二、学习任务讲解

1. 缝饰的概念

缝饰是以布料为主体，在其反面选用某种图案，通过手工或机器缩缝，形成各种凹凸起伏、柔软细腻、生动活泼的褶皱效果的服装制作手法。其纹理感观有很强的视觉冲击力。图案的变化以及缝线的手法变换，使其风格各异，产生意想不到的效果和趣味性。

2. 有规律缝饰

有规律缝饰的图案是按某种规则设计的，遵循一定的规律，形成具有韵律感和节奏感的外观形态。褶与褶之间表现出一种规律性，如褶的长短、大小、间隔相同或相似。有规律缝饰表现的是成熟和端庄之感，活泼中不失稳重。

（1）有规律缝饰的制作步骤。

步骤一：在面料的背面绘制出一定数量的方形格纹，如图 2-23 所示。

步骤二：根据褶皱的样式确定需要钉缝固定的位置，在方格上标记出来，如图 2-24 所示。

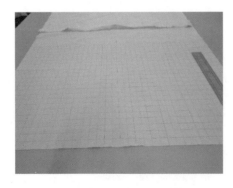

图 2-23 有规律缝饰步骤一　　图 2-24 有规律缝饰步骤二

步骤三：沿规划好的顺序相继挑起布料上的各点，然后抽紧缝线并打结固定，如图 2-25 ~ 图 2-27 所示。

步骤四：重复步骤二的操作，在面料上形成大面积的规律褶皱。最后翻到正面，整理褶皱，如图 2-28 所示。

图 2-25　用针挑起
折线的起点　　　　图 2-26　用针挑起
折线的折点和终点　　图 2-27　将 3 个点抽成
1 个点并打结　　图 2-28　有规律缝饰步骤四

（2）常见的有规律缝饰图案。

①银锭纹。

采用 3 点相连的针法，上、下错位连接。在面料的背面设置好错位的 3 点图案，在这 3 个点上用针线挑起（以仅挑起面料的三两根纱线为宜），然后用线将 3 点抽成 1 点。第二行的起针在第一行的中间，与第一行错位。按图中的连线方式，面料的正面会形成银锭状的凹凸效果，如图 2-29 所示。

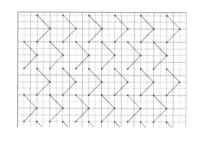 

图 2-29　银锭纹

②元宝纹。

采用菱形格 4 点相连针法。在面料的背面，将菱形的 4 个顶点用针挑起，用线将 4 个点抽成 1 点，抽紧后打结完成。跳开 1 格，再做 1 次菱形顶点相连；然后跳开 4 个，重复操作 1 次。以此类推，面料的正面会形成疏密相同的元宝状形态，如图 2-30 所示。

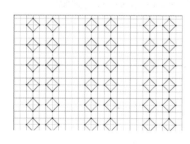 

图 2-30　元宝纹

③瓦纹。

采用 3 点相连的针法，如图 2-31 所示，将折线的两段及折点按顺序用针挑起，用线将 3 点抽成 1 点，抽紧后打结完成。

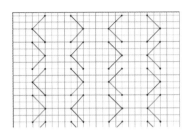 

图 2-31 瓦纹

④金钉纹。

采用错位式的 5 点相连的针法，即将图中两个相连的三角形的顶点用针挑起，用线将 5 点抽成 1 点，抽紧后打结完成。最终形成犹如窗花的图案，如图 2-32 所示。

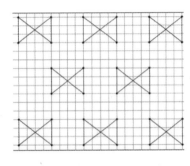 

图 2-32 金钉纹

⑤菱角纹。

采用对角式的 3 点相连的针法，即将图中的折线两段与折角的顶点用针线连接，将 3 点抽成 1 点，抽紧后打结完成。按图中的连线方式，面料会形成排列的菱角纹，如图 2-33 所示。

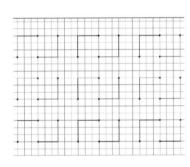 

图 2-33 菱角纹

⑥槐花纹。

采用对角交叉相连的 2 点连接法，即将图中短线的两段用针线抽成 1 点，作交叉状连接，如图 2-34 所示，等距离地按规律连接。

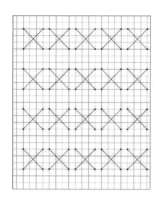

图 2-34 槐花纹

3.无规律缝饰

无规律缝饰与有规律缝饰相反，其形成的褶皱在大小、间隔等方面都表现出一种随意之感，体现活泼大方、无拘无束的服装风格。

（1）无规律缝饰的制作方法一。

随机、自由地绘制曲线（可相互交叉、环绕、向任意方向流动），并沿图案车缝，抽紧缝线，形成无规律缝线，如图 2-35 所示。

（2）无规律缝饰的制作方法二。

在面料上随机自由地确定一些点，并将这些点用针线挑起、抽紧、固定，形成无规律缝饰，如图 2-36 所示。

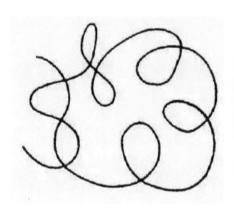

图 2-35 无规律缝饰的制作方法一

三、学习任务小结

通过本次任务的学习，同学们基本了解了缝饰的概念和分类，认识了不同造型类别和制作方式的缝饰图案，初步掌握了服装缝饰的制作技法。通过大量缝饰作品的赏析和缝饰实训，同学们提高了服装缝饰技能。课后，需要大家认真完成缝饰制作练习，提高缝饰专业技能。

四、课后作业

思考局部立体裁剪缝饰造型的设计方法，并选择其中的一些方法完成制作。

图 2-36 无规律缝饰的制作方法二

学习任务 四 编织技法

教学目标

（1）专业能力：了解立体裁剪常用的编织技法。

（2）社会能力：能选用合适的服装材料，运用编织技法，制作服装特殊纹样。

（3）方法能力：设计创意能力、实践动手能力。

学习目标

（1）知识目标：掌握服装立体裁剪编织的基本技法。

（2）技能目标：能运用编织技法做服装特殊纹样。

（3）素质目标：具备一定的立体造型能力和编织实践能力。

教学建议

1. 教师活动

（1）准备好做编织示范的用具及材料（织带、大头针、人台、针插）。

（2）教师示范编织纹样的制作方法，并指导学生进行编织实训。

2. 学生活动

（1）阅读教材，准备编织纹样所需的材料和工具。

（2）观看教师示范，学习编织纹样制作方法，并完成相应的技能练习。

一、学习问题导入

在立体裁剪中，常用编织技法塑造服装特殊纹样效果，增强服装造型的视觉效果，如图 2-37 ~ 图 2-40 所示。本次课我们一起来学习基本的立体编织技法。

图 2-37 编织技法在服装中的应用（1） 图 2-38 编织技法在服装中的应用（2）

图 2-39 编织技法在服装中的应用（3） 图 2-40 编织技法在服装中的应用（4）

二、学习任务讲解

1. 一挑一基本技法

步骤一：设计好需要编织的布条、绳子或织带的长度、宽度和数量，布条、绳子或织带的颜色、形状可以按设计要求选取，如图 2-41 所示。

步骤二：将布条以一条上一条下的方式重复操作，形成类似席编的纹样效果，如图 2-42 所示。

2. 一挑一变化技法

步骤一：准备若干种类布条，按一挑一编织法，编织好底层纹样，如图 2-43 所示。

步骤二：在底层纹样基础上，继续按一挑一编织法，编织第二层纹样，如图 2-44 所示效果。

图 2-41 一挑一基本技法步骤一　　　　图 2-42 一挑一基本技法步骤二

图 2-43 一挑一变化技法步骤（1）

图 2-44 一挑一变化技法步骤（2）

三、学习任务小结

　　通过本次任务的学习，同学们初步掌握了立体裁剪常用的编织技法，学会了一挑一基本技法和一挑一变化技法的编织方法。课后，大家要反复练习本次任务所学的编织技法，熟练掌握其操作技巧。

四、课后作业布置

　　在人台上设计一个席编纹样，并做出其立体裁剪效果。

项目三
半身裙立体裁剪

基础款半身裙立体裁剪

教学目标

（1）专业能力：能正确进行半身裙的立体裁剪操作，能理解半身裙与人体的关系。

（2）社会能力：具有良好的行为规范、较强的责任感和安全意识以及人际交流的能力。

（3）方法能力：自主学习能力，分析与总结能力，发现问题、解决问题的能力以及沟通与表达能力。

学习目标

（1）知识目标：能正确分析裙装款式，理解腰部省道形成的原理、省褶转化的方法；掌握约克的操作方法，以及波浪形成的原理及造型、定位方法；能熟练掌握不同类型半身裙立体裁剪的基本方法和操作技巧。

（2）技能目标：识别不同半身裙的款式特点及结构特征，并正确标示标记线；能准确把握半身裙各部位的比例关系和造型特点，能运用正确的立裁手法和技巧完成不同结构半身裙的立体裁剪操作。

（3）素质目标：具备一定的自学能力、分析与总结能力。

教学建议

1. 教师活动

（1）教师展示图片或结合实物，引导学生分析半身裙款式特点及结构特征，丰富学生对于裙装款式及结构的认知，激发学习兴趣。

（2）教师提问、展示不同服装部位的针法运用，引导学生辨别、强化立裁针法的操作，培养认真细致的工作态度。

（3）教师演示立体裁剪重难点的操作，让学生能够深刻认识立体裁剪方法。

2. 学生活动

（1）学生收集半身裙立体裁剪资料，并与教师良好互动。

（2）学生认真观看教师演示不同类型半身裙立体裁剪的基本方法，记录并提出问题。

（3）学生对半身裙立体裁剪实训作品进行总结，分享学习感悟，提升学习自信与主动性，锻炼语言表达能力和沟通协调能力。

一、学习问题导入

半身裙是服装种类中常见的类别，请同学们观察图 3-1 所示的半身裙，指出它们的区别。

半身裙是女性传统的服装品类，是下装的基本形式之一，款式造型丰富，表现形式多种多样，适合多种场合穿着。下面我们来学习不同款式的半身裙要通过什么样的结构设计手法及裁剪方式制作而成。

图 3-1 半身裙

二、学习任务讲解

实训任务一：直裙。

1. 款式图

该直裙为直腰装腰，外形呈直筒状，后中破缝装拉链，下摆开衩，前后裙片左右各设 2 个腰省，腰腹部合体，裙摆宽窄适中，造型简洁，如图 3-2 所示。

2. 结构分析

（1）裙子廓形：直筒状。

（2）结构重点：省道处理。

图 3-2 直裙款式图

（3）腰臀差处理：前、后裙片各设 2 个腰省。

（4）松量设置：腰围设 0 ～ 1cm，臀围设 4 ～ 6cm。

（5）裙长设计：56cm。

（6）裙腰造型：一片式直腰。

3. 坯布准备

（1）裙片长度量取：依据裙长 56cm，取腰围线往上加 5cm、裙长往下加 7cm 的粗裁量。

（2）裙片宽度量取：依据裙宽，取侧缝线往外加 5cm、中心线往外加 8cm 的粗裁量。

（3）基准线标记：在布片上标注前、后中心线及臀围线。

裙片设计如图 3-3 所示。

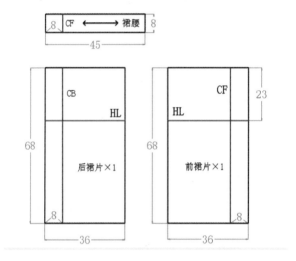

图 3-3 裙片设计（单位：cm）

4. 结构线标记

用标记线在人台上贴出结构线。

（1）腰线位置：后腰线往下降 0.7 ～ 1cm。

（2）前裙片省道位置：第一个省道在公主线处，长度 12cm；第二个省道间距 2.5cm，长度 11cm。

（3）后裙片省道位置：第一个省道在公主线处，长度 14cm；第二个省道间距 2.5cm，长度 13cm。

结构线如图 3-4 所示。

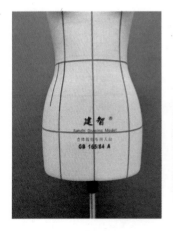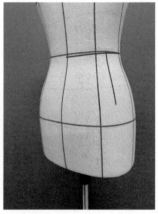

图 3-4 结构线

5. 立裁制作过程

（1）前裙片。

①坯布定位。

坯布上基准线与人台的前中心线、臀围线对齐，用 V 形针法在前中心线外固定，如图 3-5 所示。

②加放臀围松量。

坯布在臀围线上往前平推出 1 ~ 1.5cm 松量（臀围松量的 1/4），用大头针固定侧缝线与臀围线交界处及侧缝线与下摆交界处，形成直筒状造型，如图 3-6 所示。

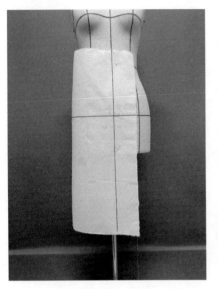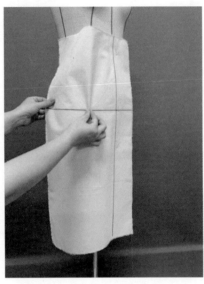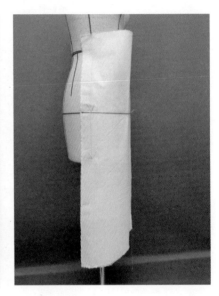

图 3-5 坯布定位　　　　　　　　　　　　　图 3-6 加放臀围松量

③定腰省量。

臀围线处直上沿侧缝顺势往上、往外抚平布料，用大头针固定侧缝线与腰围线交界处（腰臀处出现 0.2 ~ 0.3cm 松量，可缩缝处理），如图 3-7 所示。

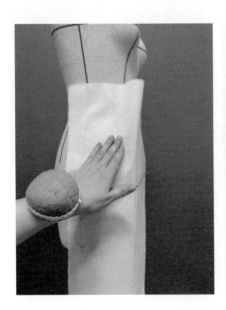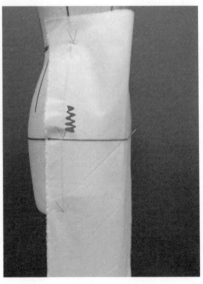

图 3-7 定腰省量

④做前腰省。

按照省道标记线位置，将腰部余量均分，分别用大头针抓别，观察省道的位置、方向及大小是否美观。如图 3-8 所示。

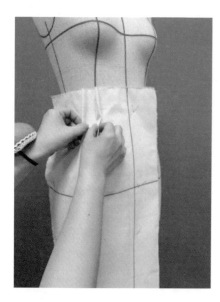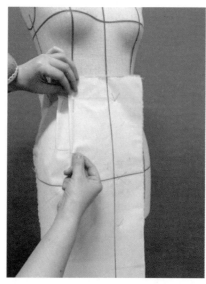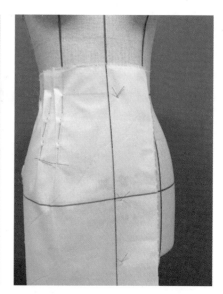

图 3-8 做前腰省

⑤点影。

用记号笔在腰围、省道、侧缝线处点影标记，如图 3-9 所示。

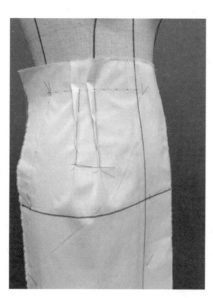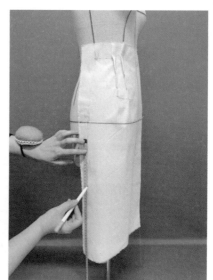

图 3-9 点影

⑥粗裁缝份。

沿腰围线上预留 1.5cm 缝份，修剪多余布料；沿侧缝线往外预留 2cm 缝份，修剪多余布料。完成前裙片立裁操作，如图 3-10 所示。

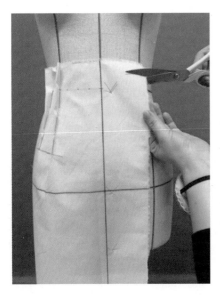
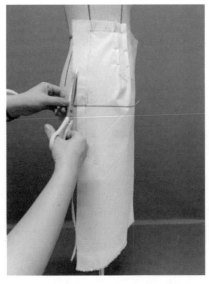
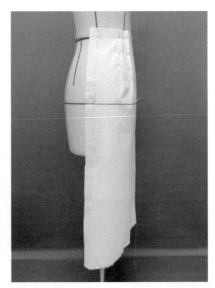

图 3-10 粗裁缝份

（2）后裙片。

操作方法参考前裙片，如图 3-11 所示。

（3）折别拼合侧缝。

前片侧缝缝份折入压在后片侧缝处，用大头针固定，如图 3-12 所示。

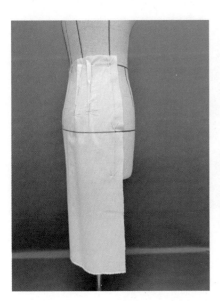
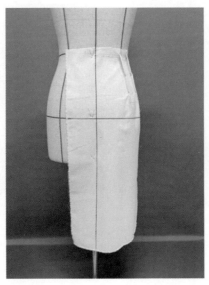

图 3-11 后裙片　　　　　　　　　　　　　　　　图 3-12 折别拼合侧缝

（4）确定裙长。

在前中心位置量取裙子长度并标记，在侧缝线及后中心线处由臀围线往下量取前中心线同等长度并标记，折起底边，用大头针竖针固定，如图 3-13 所示。

6. 立裁样板修正

（1）修顺腰围线。

①直裙坯样平摊，前后腰省均倒向中心线，按照腰围线标记将腰线画顺，如图 3-14 所示。

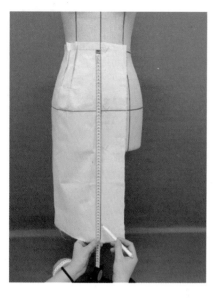
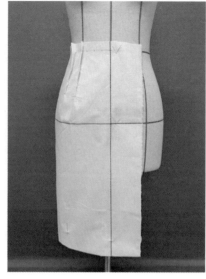

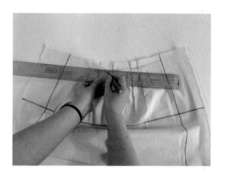

图 3-13 确定裙长

图 3-14 修顺腰围线

②修剪腰围线缝份 1cm，如图 3-15 所示。

（2）修顺下摆线。

①按照裙长标记，复核裙长，并将下摆画顺，如图 3-16 所示。

②修剪下摆缝份 4cm，如图 3-17 所示。

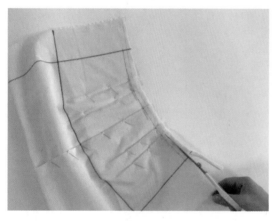
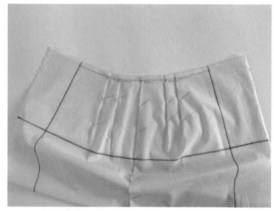

图 3-15 修剪腰围线缝份 1cm

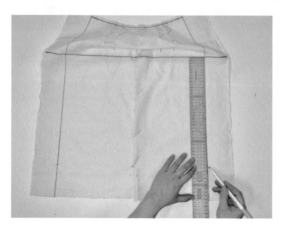
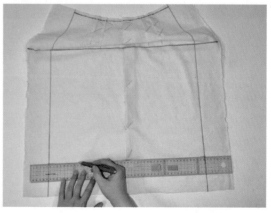

图 3-16 修顺下摆线

（3）修顺侧缝线。

①分开前、后裙片，用尺子将腰围线至臀围线部分画顺。侧缝处垂直连接臀围线至下摆线，完成侧缝线，如图3-18所示。

②修剪侧缝线缝份1cm，如图3-19所示。

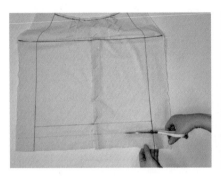
图3-17 修剪下摆缝份4cm

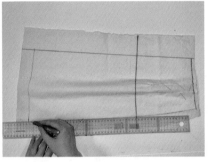
图3-18 完成侧缝线

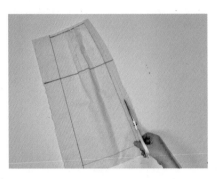
图3-19 修剪侧缝线缝份1cm

（4）画腰省。

打开前、后腰省，用直尺画出省边线，修正省长与方向，如图3-20所示。

（5）完成图如图3-21所示。

图3-20 画腰省

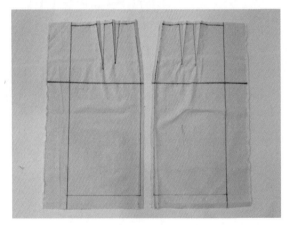
图3-21 完成图

7. 假缝效果审视

扣烫3cm宽腰头，对准腰口线从后中往前中方向将裙腰放上，用藏针法横别固定，如图3-22所示。

实训任务二：约克裙（分割款）

1. 款式图

该裙子采用约克分割结构，上部约克紧窄，下部A形展开，拉链侧开，前裙片左右各设3个刀褶，造型表现丰富，流动、甜美，如图3-23所示。

2. 结构分析

（1）裙子廓形：A形。

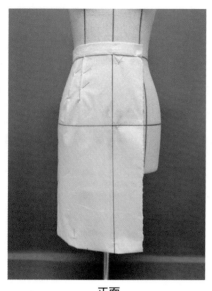
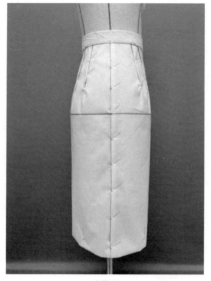
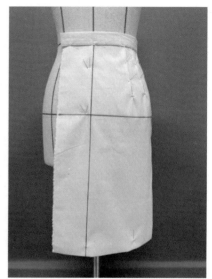

正面　　　　　　　　　　侧面　　　　　　　　　　背面

图 3-22 假缝效果审视

图 3-23 约克裙款式图

（2）结构重点：分割线处理。

（3）腰臀差处理：腰省转化为分割线抵消。

（4）松量设置：腰围设 0 ~ 1cm，臀围设 4 ~ 6cm。

（5）裙长设计：50cm。

（6）裙腰造型：一片式直腰。

3. 坯布准备

（1）约克量：依据约克的最长长度（12cm），量取腰围线往上加 5cm、分割线往下加 3cm 的粗裁量。

（2）裙片长度量：依据裙长，量取分割线往上加 5cm、裙长往下加 7cm 的粗裁量；裙片宽度量：依据裙宽，量取侧缝线往外加 35cm（包含约 25cm 褶量）、中心线往外加 8cm 的粗裁量。

（3）基准线标记：在布片上标注前、后中心线及臀围线，如图 3-24 所示。

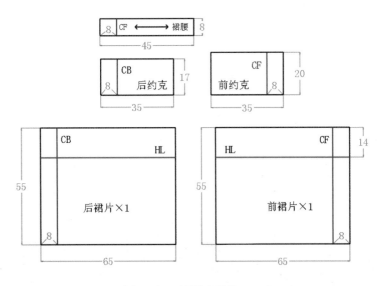

图 3-24 裙片（单位：cm）

4. 结构线标记

用标记线在人台上贴出结构线。

（1）腰线位置：后腰线往下降 0.7 ～ 1cm。

（2）约克线位置：前约克线在前中腰线下 12cm、侧腰下 9cm；后约克线在腰下 9cm。

（3）前裙片刀褶位置：第一个褶位在公主线往前中心方向 1.5cm 处，第一道褶与第二、三道褶位分别间距 3cm，褶宽 6cm，如图 3-25 所示。

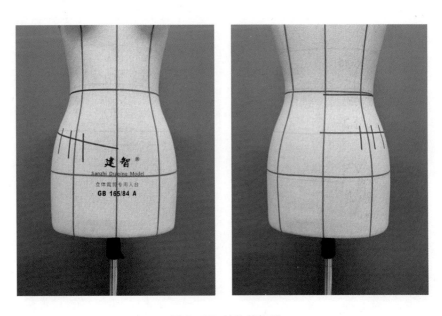

图 3-25 结构线标记

5. 立裁制作过程

（1）前约克。

①坯布定位。

约克坯布上基准线与人台的前中心线对齐，用 Ｖ 形针法在前中心线外固定，如图 3-26 所示。

②往侧缝抚平布料，不预留松量，用大头针在侧缝线内固定，如图 3-27 所示。

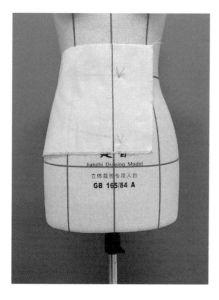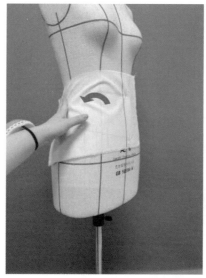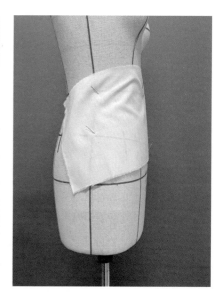

图 3-26 坯布定位　　　　　　　　　　　图 3-27 侧缝抚平布料，大头针在侧缝线内固定

③腰围线处打剪口，如图 3-28 所示，再次往侧缝抚平布料。

④点影、粗裁缝份。

用记号笔在腰围、侧缝线、分割线处点影标记。

腰围线上预留 1.5cm 缝份，分割线往下预留 1.5cm 缝份，沿侧缝线往外预留 2cm 缝份，修剪多余布料。

完成前约克裙立裁操作，如图 3-29 所示。

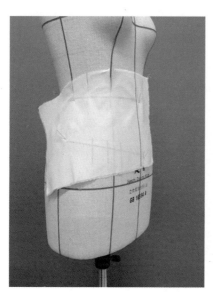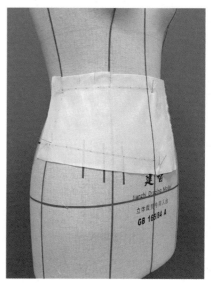

图 3-28 腰围线处打剪口　　　　　　　图 3-29 点影、粗裁缝份

（2）前裙片。

①坯布定位。

坯布基准线与人台的前中心线、臀围线对齐，用 V 形针法在前中心线外固定，如图 3-30 所示。

②做第一道褶。

臀围线保持水平，按标记线位置折别第一道褶，褶宽 6cm，上下等宽，大头针固定，如图 3-31 所示。

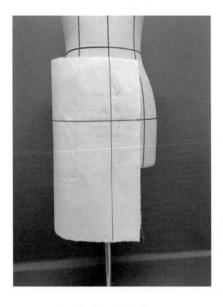
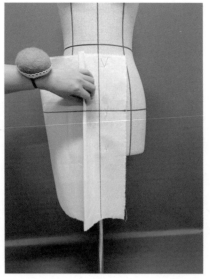
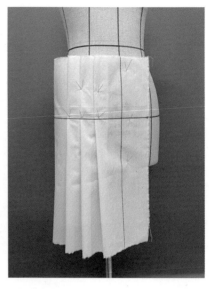

图 3-30 坯布定位　　　　　　　　　　　　　　　图 3-31 做第一道褶

③做第二、第三道褶

臀围线保持水平，按标记线位置折别第二、三道褶，褶宽 6cm，上下等宽，大头针固定，如图 3-32 所示。

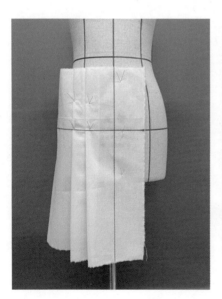
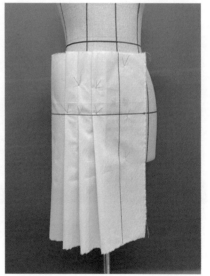

图 3-32　做第二、三道褶

④定侧缝线。

在约克分割线处布料往外、往下抚平，将余量推至下摆处，呈现 A 形裙摆，用大头针在侧缝线与约克线、臀围线、下摆的交接处内侧固定，如图 3-33 所示。

⑤观察造型及松量是否适宜，将臀围线以上的第二、三个褶微调收紧贴合，如图 3-34 所示。

⑥用记号笔在约克线、褶位、侧缝线处点影标记，如图 3-35 所示。

⑦粗裁缝份。

沿约克线上预留 1.5cm 缝份，修剪多余布料；沿侧缝线往外预留 2cm 缝份，修剪多余布料，完成前裙片立裁操作，如图 3-36 所示。

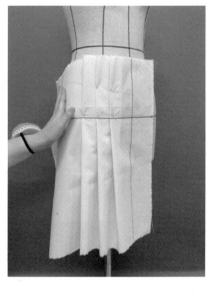 

图 3-33 定侧缝线

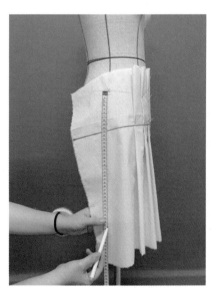

图 3-34 褶收紧贴合

图 3-35 点影标记

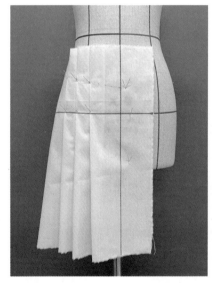 

图 3-36 粗裁缝份

（3）折别拼合前约克与前裙片。

前约克缝份折入，压在前裙片约克线处，用藏针法固定，如图 3-37 所示。

（4）后约克。

操作方法参考前约克，如图 3-38 所示。

（5）后裙片。

①坯布定位。

坯布基准线与人台的前中心线、臀围线对齐，用 V 形针法在后中心线外固定，如图 3-39 所示。

②做第一道褶。

臀围线保持水平，按标记线位置折别第一道褶，褶宽 6cm，上下等宽，大头针固定，如图 3-40 所示。

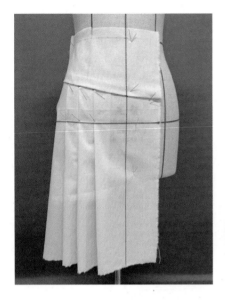
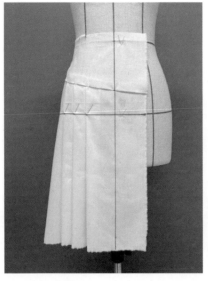
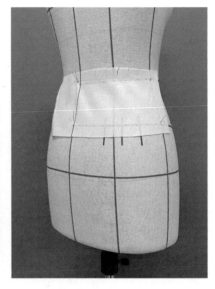

图 3-37 折别拼合前约克与前裙片　　　　　　　　　　　　图 3-38 后约克

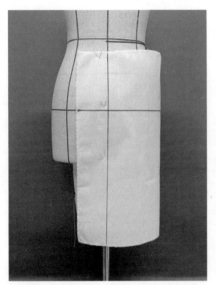
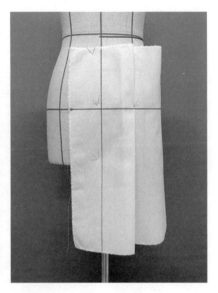

图 3-39 坯布定位　　　　　　　图 3-40 做第一道褶

③做第二、三道褶。

臀围线保持水平，按标记线位置折别第二、三道褶，褶宽6cm，上下等宽，大头针固定，如图3-41所示。

④定侧缝线。

约克分割线处布料往外、往下抚平，将余量推至下摆处，呈现A形裙摆，用大头针在侧缝线与约克线、臀围线、下摆的交接处内侧固定，如图3-42所示。

⑤刀褶调整。

观察造型及松量是否适宜，三道褶的腰处微调收紧贴合后，如图3-43所示。

⑥点影。

用记号笔在约克线、褶位、侧缝线处点影标记，如图3-44所示。

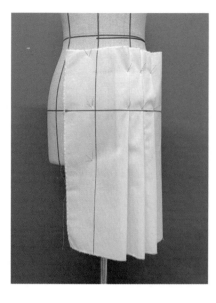

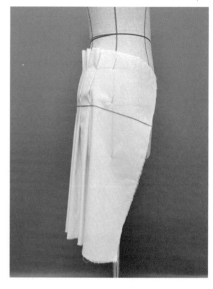

图 3-41 做第二、三道褶　　　　　　　图 3-42 定侧缝线

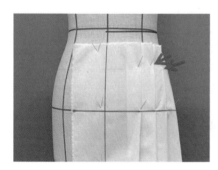
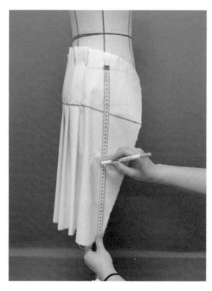

图 3-43 刀褶调整　　　　　　　　　图 3-44 点影

⑦粗裁缝份。

沿约克线上预留 1.5cm 缝份，修剪多余布料；沿侧缝线往外预留 2cm 缝份，修剪多余布料。完成前裙片立裁操作，如图 3-45 所示。

（6）折别拼合后约克与后裙片。

操作方法参考前裙片，如图 3-46 所示。

（7）折别拼合侧缝线。

前片侧缝缝份折入，臀围线对准，压在后片侧缝处用大头针固定，如图 3-47 所示。

（8）确定裙长。

在前中心位置量取裙子长度并标记，用直尺测量桌面到裙长标记点高度，围绕一圈裙长点影标记。粗裁裙摆。观察整体造型，是否与款式图相符合，如图 3-48 所示。

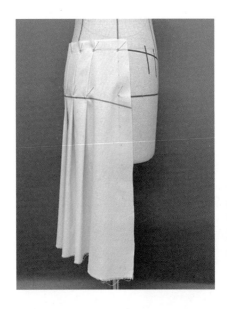
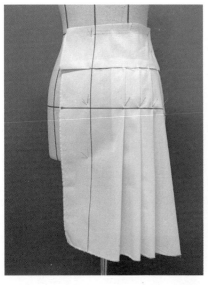

图 3-45 粗裁缝份　　　　图 3-46 折别拼合后约克与后裙片　　　　图 3-47 折别拼合侧缝线

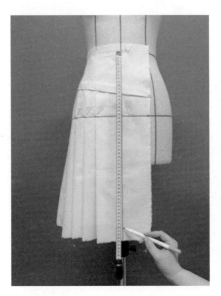
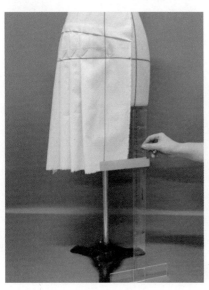
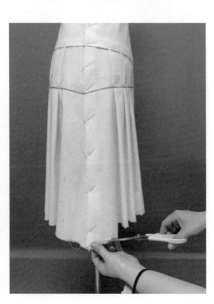

图 3-48 确定裙长

6. 立裁样板修正

（1）修顺约克结构线。

约克坯样平摊，按照标记将腰口线及约克分割线画顺。修剪腰口线及约克分割线缝份1cm，侧缝1.5cm，如图3-49和图3-50所示。

（2）修顺前后裙片约克分割线。

①将裙片坯样平摊，按照标记将约克分割线画顺，如图3-51所示。

②修剪缝份1cm（侧缝1.5cm），如图3-52所示。

（3）修顺下摆及侧缝线。

①按照裙长标记，在前、后中心线及侧缝线处画3cm水平线段，如图3-53所示。

②分开前后裙片，用弧形尺将腰围线至臀围线部分画顺；在侧缝处直线连接臀围线至下摆线，完成侧缝线；修剪侧缝线缝份1.5cm，如图3-54所示。

（4）画刀褶。

打开前、后裙片刀褶，用直尺画出褶线，完成刀褶结构线；打开裙摆，修剪下摆缝份 3cm，如图 3-55 所示。

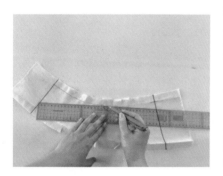

图 3-49 修顺约克结构线 1

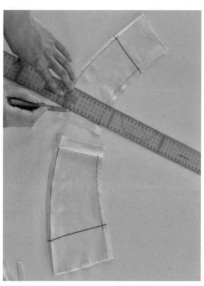

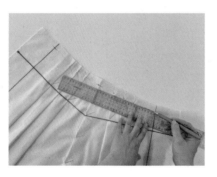

图 3-50 修顺约克结构线 2

图 3-51 将约克分割线画顺

图 3-52 修剪缝份 1cm

图 3-53 画 3cm 水平线段

图 3-54 完成侧缝线

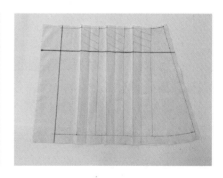

图 3-55 画刀褶

7. 假缝效果审视

扣烫 3cm 宽腰头，对准腰口线从后中往前中方向将裙腰放上，用藏针法横别固定，如图 3-56 所示。

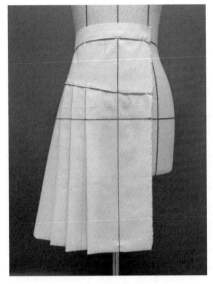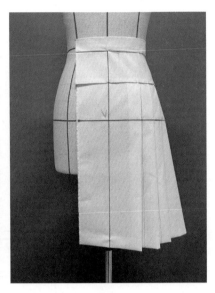

正面　　　　　　　　　　　侧面　　　　　　　　　　　背面

图 3-56　假缝效果审视

实训任务三：波浪裙。

1. 款式图

该波浪裙由前后两个裙片组成，装腰，拉链侧开，腰部无省道，下摆宽大，裙摆自然下垂呈波浪状；裙片前后各设置 6 个波浪，波浪造型清晰、匀称，具有动感，如图 3-57 所示。

图 3-57　波浪裙款式图

2. 结构分析

（1）裙子廓型：A 形。

（2）结构重点：波浪。

（3）腰臀差处理：腰省转移为下摆宽大量。

（4）松量设置：腰围设 0 ~ 1cm。

（5）裙长设计：65cm。

（6）裙腰造型：一片式直腰。

3. 坯布准备

（1）裙片长度量：依据裙长 65cm，取腰围线往上加 10cm、裙长往下加 5cm 的粗裁量。

（2）裙片宽度量：依据中心线至侧缝线宽度，取往外加 40cm、中心线往外加 8cm 的粗裁量。

（注：根据具体裙长及波浪量，粗裁量可适当加宽、加长。）

（3）基准线标记：在布片上标注前、后中心线及臀围线（腰围线）。

裙片尺寸如图 3-58 所示。

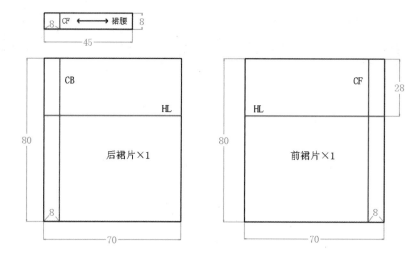

图 3-58 裙片尺寸（单位：cm）

4. 结构线标记

用标记线在人台上贴出结构线。

（1）腰线位置：后腰线往下降 0.7 ~ 1cm。

（2）前、后裙片波浪位置：第一个波浪距离中心线 2.5cm，第二、三个波浪分别间距 5cm，如图 3-59 所示。

5. 立裁制作过程

（1）前裙片。

①坯布定位。

坯布基准线与人台的前中心线、腰围线对齐，用 V 形针法在前中心线外固定，如图 3-60 所示。

②做前片第一个波浪。

大头针单针固定波浪位置，打剪口，沿腰线预留 2cm 修剪至波浪位置。旋转布料，在臀围线处抓出波浪量高度 1 ~ 1.5cm，如图 3-61 所示。

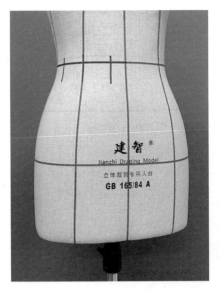
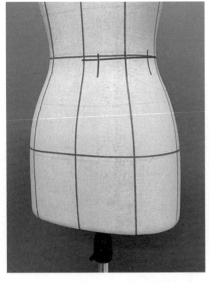
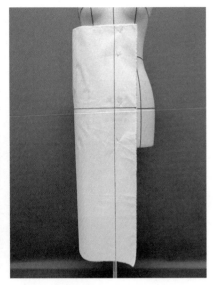

图 3-59　结构线标记　　　　　　　　　　　　　　　　图 3-60　坯布定位

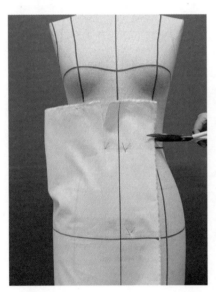
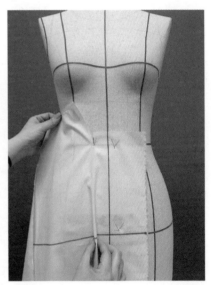

图 3-61　做前片第一个波浪

③做前片第二、三个波浪。

抚平腰部，大头针单针固定第二个波浪位置，沿腰线预留 2cm 修剪至波浪位置，打剪口。旋转布料，在臀围线处抓出第二个波浪量高度 1 ~ 1.5cm，如图 3-62 所示。用同样的方法做第三个波浪。

④粗裁侧缝。

腰围线往外、往下抚平，侧缝处适当设置波浪量，用大头针在侧缝线与腰围线、臀围线、下摆的交接处内侧固定。

观察波浪造型均衡、适宜，用记号笔在腰围线、侧缝线处点影标记。

沿侧缝线往外预留 2cm 缝份，修剪多余布料。

完成前裙片立裁操作，如图 3-63 所示。

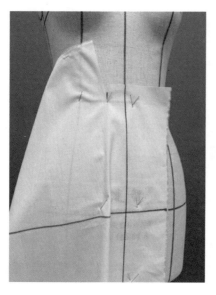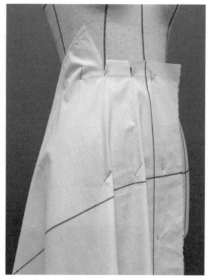

图 3-62　做前片第二、三个波浪

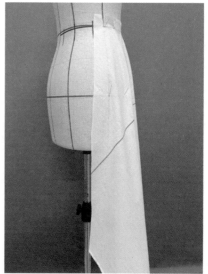

图 3-63　粗裁侧缝

（2）后裙片。

操作方法参考前裙片，如图 3-64 所示。

（3）折别拼合侧缝。

前片侧缝缝份折入，压在后片侧缝处用大头针固定，如图 3-65 所示。

（4）确定裙长。

在前中心位置量取裙子长度并标记，用直尺测量地面到裙长标记点高度，围绕一圈裙长点影标记。粗裁裙摆，如图 3-66 所示。

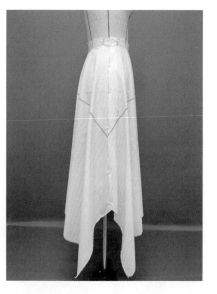

图 3-64 后裙片   图 3-65 折别拼合侧缝

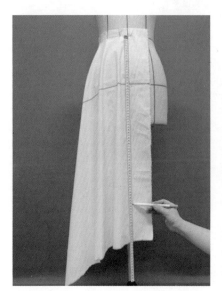
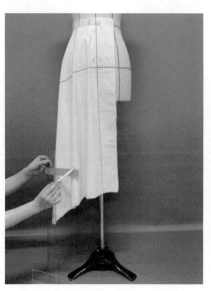
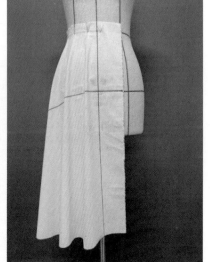

图 3-66 确定裙长

6. 立裁样板修正

（1）修顺腰围线。

波浪裙坯样平摊，按照腰围线标记将腰线画顺，修剪腰围线缝份1cm，如图3-67所示。

（2）修顺下摆线。

按照裙长标记，将下摆画顺，修剪下摆缝份1.2cm，如图3-68所示。

（3）修顺侧缝线。

分开前、后裙片，直线连接腰围线至下摆线处的侧缝线，修剪侧缝线缝份1.5cm，如图3-69所示。

7. 假缝效果审视

扣烫3cm宽腰头，对准腰口线从后中往前中方向将裙腰放上，用藏针法横别固定，如图3-70所示。

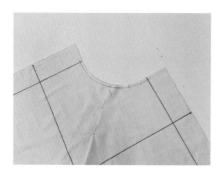

图 3-67　修顺腰围线

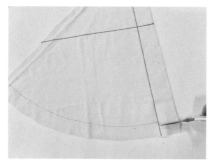

图 3-68　修顺下摆线

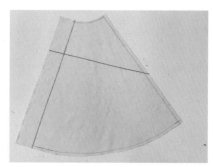

图 3-69　修顺侧缝线

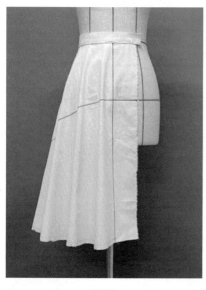

正面

侧面

背面

图 3-70　假缝效果审视

三、学习任务小结

　　通过本次任务的学习和实训，同学们初步掌握了直裙、约克裙和波浪裙的立体裁剪方法。同时，同学们能识别不同半身裙的款式特点及结构特征，并正确标示标记；能准确把握半身裙各部位的比例关系和造型特点；能运用正确的立裁手法和技巧完成不同结构半身裙的立体裁剪操作。课后，大家要反复练习本次课所学知识和技能，做到熟能生巧。

图 3-71　任务拓展

四、课后作业

　　结合本次任务学习的立裁技法，运用正确的造型手法及针法完成图 3-71 所示的款式的立裁操作。

学习任务 二

时尚款半身裙立体裁剪

教学目标

（1）专业能力：能正确分析时尚款半身裙的结构及立裁技法，能举一反三，能将立体裁剪技术应用在工作中。

（2）社会能力：培养学生良好的行为规范、较强的责任感和安全意识以及人际交流的能力。

（3）方法能力：自主学习能力，分析与总结能力，发现问题、解决问题的能力以及沟通与表达能力。

学习目标

（1）知识目标：学生能正确分析时尚款半身裙的款式，能理解半身裙的结构组成；掌握抓褶的操作技巧。

（2）技能目标：学生能分析时尚款半身裙的款式特点及结构特征，并正确标示标记线；能准确把握半身裙各部位的比例关系和造型特点，能运用正确的立裁手法和技巧完成裙子的立体裁剪操作。

（3）素质目标：具备一定的自学能力、分析与总结能力、解决问题的能力。

教学建议

1. 教师活动

（1）教师展示图片或结合实物，引导学生分析时尚款半身裙款式特点及结构特征，丰富学生对于裙装款式变化的认识及不同结构组成的认知，激发学习兴趣。

（2）教师演示立裁重难点的操作，让学生能够深刻认识立裁方法及技巧，培养学生在工作过程中认真细致的态度。

（3）教师提供款式延伸相关知识，引导学生操作，学会举一反三。

2. 学生活动

（1）学生课前收集资料，对立裁针法及造型技法等知识进行回顾，与教师良好互动。

（2）学生认真观看教师演示时尚款半身裙立体裁剪的方法和步骤，记录并提出问题，锻炼学习能力。

一、学习问题导入

同学们了解半身裙款式及结构变化的关键点吗？观察图 3-72，可知半身裙结构变化的关键部位是腰口、裙摆和省道，因此，在直裙的基础上，可利用省道的转化原理，运用褶裥、波浪或分割线的技法处理，设计不同款式，同时可结合款式特点，在现有结构的基础上增加余量，达到不同的款式效果。

图 3-72 半身裙款式

二、学习任务讲解

1. 款式图

该短裙外形呈 A 字形，底裙设计前短后长，在腰部前后各收 2 个省道；前面在底裙的基础上覆盖一层不对称斜褶造型；右侧斜褶造型下，布条自然垂下，呈波浪状；拉链侧开；整体风格时尚、个性，如图 3-73 所示。

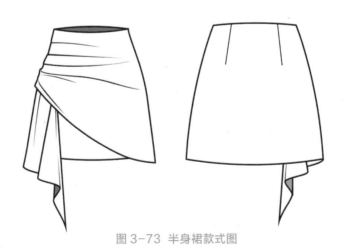

图 3-73 半身裙款式图

2. 结构分析

（1）裙子廓形：A 形。

（2）结构重点：A 字裙 + 斜褶造型。

（3）腰臀差处理：腰省差量部分转移为 A 形摆宽大量。

（4）松量设置：腰围设 0 ~ 2cm；臀围设 4cm。

（5）裙长设计：前裙长 36cm，后裙长 39cm。

（6）裙腰造型：无腰式。

3.坯布准备

（1）裙片长度量：依据裙长，取腰围线往上加 5cm、裙长往下加 7cm 的粗裁量。

（2）裙片宽度量：前裙片取两边侧缝线宽度，往外各加 8cm 的粗裁量；后裙片取后中心线至侧缝线宽度，往外各加 8cm 的粗裁量。

（3）斜褶布料量：长 60cm，高 30cm。

（4）基准线标记：在布片上标注前、后中心线及臀围线。

裙片尺寸如图 3-74 所示。

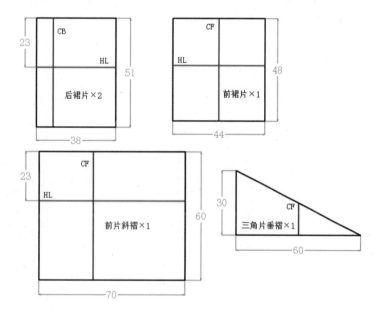

图 3-74 裙片尺寸（单位：cm）

4.结构线标记

用标记线在人台上贴出结构线。

（1）腰线位置：后腰线往下降 0.7 ~ 1cm。

（2）前、后裙片省道位置：前片设一个省道在前公主线处，省长 12cm；后片设一个省道在后公主线处，省长 14cm，如图 3-75 所示。

5.立裁制作过程

（1）底裙前片。

①坯布定位。

坯布基准线与人台的前中心线、臀围线对齐，用 ∨ 形针法在前中心线外固定，如图 3-76 所示。

②加放臀围松量。

坯布在臀围线上往前平推出 1cm 松量（臀围松量的 1/4），用大头针固定侧缝线与臀围线交界处，如图 3-77 所示。

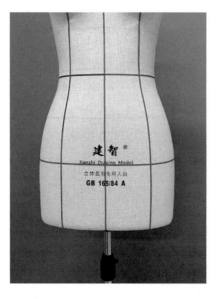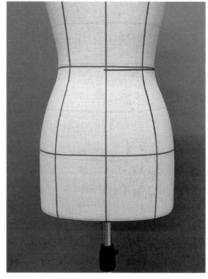

图 3-75 结构线标记

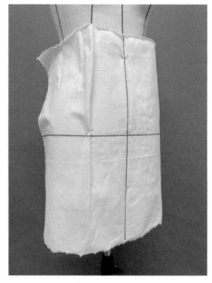

图 3-76 坯布定位　　　　图 3-77 加放臀围松量

③定腰省量。

臀围线处直上沿侧缝顺势往上、往外抚平布料，用大头针固定侧缝线与腰围线交界处，如图 3-78 所示。

④做前腰省。

将腰部余量分为 1/3 和 2/3，在公主线位置抓别 2/3 省量；保持臀部放松量，将剩下余量推至侧缝，如图 3-79 所示。

⑤粗裁腰口缝份。

沿腰围线上预留 1.5cm 缝份，修剪多余布料；腰部打剪口，再次抚平腰口，使腰部服帖，如图 3-80 所示。

⑥定侧缝。

将余量继续推至下摆，形成小 A 形摆，如图 3-81 所示。

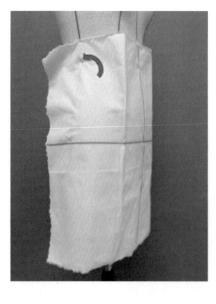

图 3-78 定腰省量

图 3-79 做前腰省

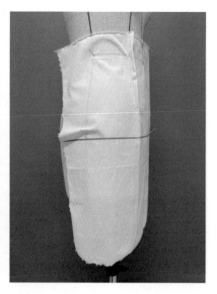

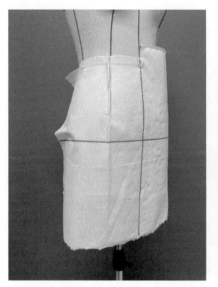

图 3-80 粗裁腰口缝份

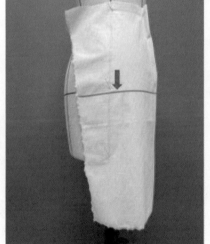

图 3-81 定侧缝

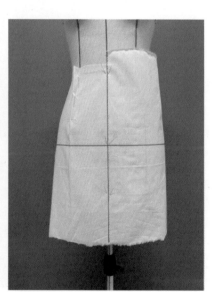

⑦点影。

观察省道的位置、方向、大小及裙摆造型是否美观。用记号笔在腰围、省道、侧缝线处点影标记，如图 3-82 所示。

⑧粗裁侧缝缝份。

沿侧缝线往外预留 2cm 缝份，修剪多余布料。完成前裙片立裁操作，如图 3-83 所示。

⑨确定前裙片长度。

在前中心位置量取前裙片长度并标记，用直尺测量地面到裙长标记点高度，点影标记。粗裁裙摆，如图 3-84 所示。

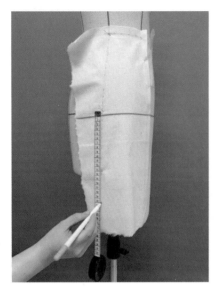

图 3-82　点影

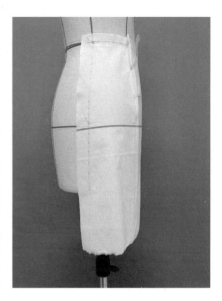

图 3-83　粗裁侧缝缝份

图 3-84　确定前裙片长度

（2）底裙后片。

操作方法参考前裙片，如图 3-85 所示。

（3）拷贝裙片、假缝。

拷贝前、后裙片的另一半裙片，假缝底裙；观察整体造型是否与款式图符合，如图 3-86 所示。

（4）前片褶皱造型。

①坯布定位。

坯布基准线与人台的前中心线对齐，用挑别法在前中心线处固定，如图 3-87 所示。

②处理腰口。

腰口处向两侧抹平，用大头针在侧缝处，与底裙挑别固定；沿腰围

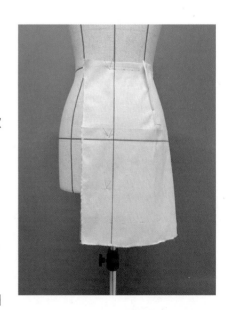

图 3-85　底裙后片

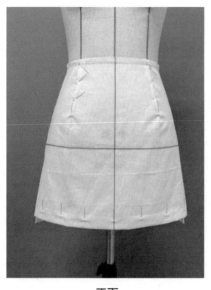

正面

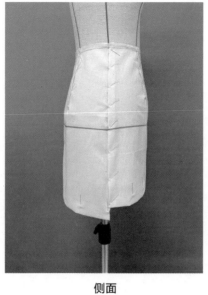

侧面

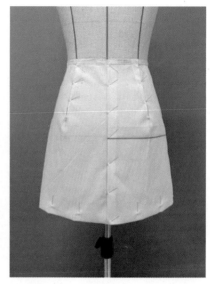

背面

图 3-86 拷贝裙片、假缝

线上预留 1.5cm 缝份，修剪多余布料；腰部打剪口，再次抚平腰口，使腰部服帖，如图 3-88 所示。

③捏褶。

面料往左侧拉，在侧腰处捏出一个褶，用大头针挑别与底裙侧缝固定；右侧缝抚平，固定；用同样方法在臀围线之上继续捏出五六个褶，如图 3-89 所示。

④根据前片造型贴附轮廓线，如图 3-90 所示。

⑤粗裁缝份。

侧缝及下摆预留 2cm 缝份，修剪多余布料，如图 3-91 所示。

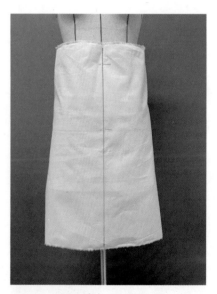

图 3-87 坯布定位

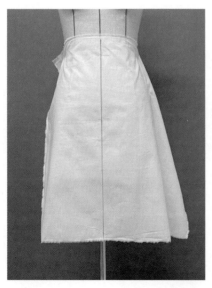

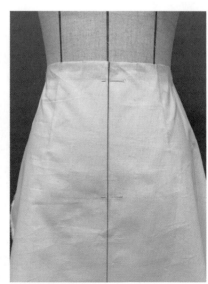

图 3-88 处理腰口

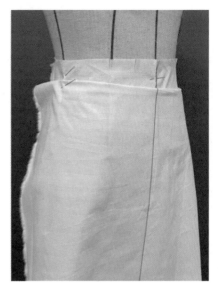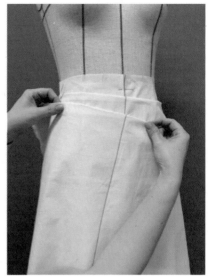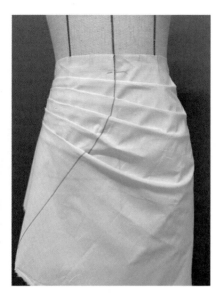

图 3-89 捏褶

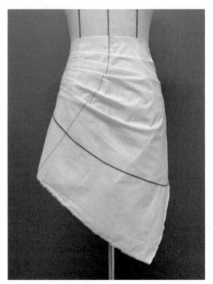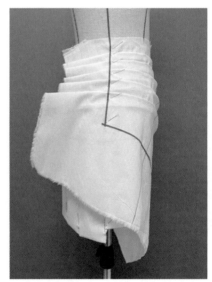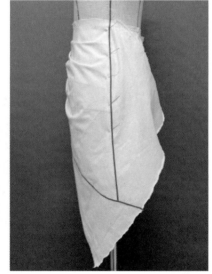

图 3-90 贴附轮廓线

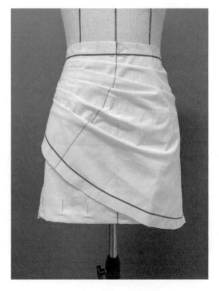

图 3-91 粗裁缝份

⑥制作三角片垂褶。

将坯布对准人台中心，根据上层褶皱造型标记轮廓线，修剪造型，如图 3-92 所示。

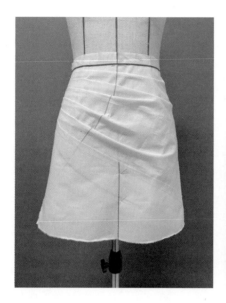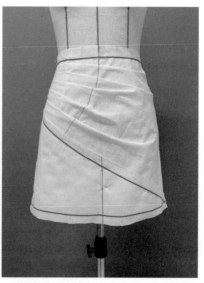

图 3-92 制作三角片垂褶

6. 观察假缝效果

最终效果图如图 3-93 所示。

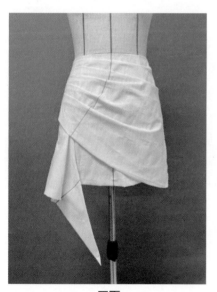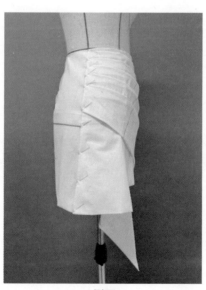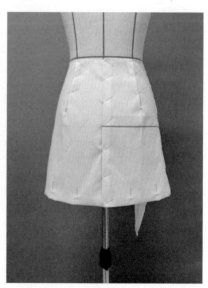

正面   侧面   背面

图 3-93 假缝效果

三、学习任务小结

通过本次任务的学习，同学们初步掌握了半身裙的立体裁剪方法，同时能识别不同半裙的款式特点及结构特征，并正确标示标记线；能准确把握半裙各部位的比例关系和造型特点；能运用正确的立裁手法和技巧完成不同结构半裙的立体裁剪操作。课后，大家要反复练习本次任务所学知识和技能，做到熟能生巧。

四、课后作业

结合立体裁剪技法，运用正确的造型手法及针法完成如图 3-94 所示的款式的立裁操作。

图 3-94　作业拓展

项目四
上衣立体裁剪

学习任务一

衣身立体裁剪

教学目标

（1）专业能力：了解原型衣身的概念和结构，能够分辨衣身省结构的类别，并灵活运用立体裁剪技法制作衣身。

（2）社会能力：培养衣身结构的审美能力，训练造型技巧。

（3）方法能力：设计创新能力、设计表现能力。

学习目标

（1）知识目标：了解原型衣身和省转移的概念和分类，掌握衣身的立体裁剪技法。

（2）技能目标：能合理地运用省结构的表现技法，充分体现创意思路，结合立体裁剪的特点，创造性地进行衣身的结构设计。

（3）素质目标：理解衣身原型及省转移的内在规律和形式特征，培养设计创新能力。

教学建议

1. 教师活动

（1）收集不同省结构的衣身作品，进行归类并讲解，加深学生对知识点的理解。

（2）现场示范衣身的立体裁剪以及典型的省转移案例，强化学生对教学重点和难点的掌握。

2. 学生活动

（1）根据教师的示范进行衣身原型立体裁剪实操，掌握衣身结构的立裁技法。

（2）选取两类省结构衣身，进行省转移练习。

一、学习问题导入

衣身原型如图 4-1 所示，是最基本的也是最简单的纸样，是一切款式的基础。掌握衣身立体裁剪的基本方法和操作过程，可以为后续的成衣立体裁剪奠定基础。

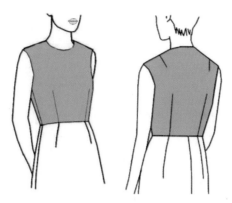

图 4-1 衣身原型

二、学习任务讲解

1. 课前准备

（1）款式分析。

选择前后贴体的衣身原型为例进行立体裁剪。原型衣身的造型合体，长度至腰围线；前片胸省省口位于侧缝，前后左右各收一个腰省；后片收肩省，左右各收一个腰省，如图 4-2 所示。

图 4-2 衣身款式图

（2）采样数据。

以贴体衣身原型为例进行采样，尺寸如下：

① 片布样长度 = 人台侧颈点量至前腰围线 + 松量（10 ~ 15）cm，取 50 cm。

②后片布样长度 = 人台侧颈点量至前腰围线 + 松量（10 ~ 15）cm，取 50 cm。

③ 衣身布样宽度 = 人台 1/4 胸围量 + 松量（10 ~ 15）cm，取 35 cm。

采样数据如图 4-3 所示。

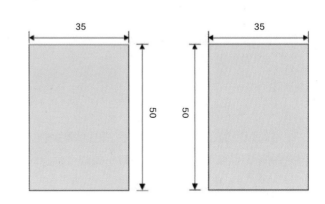

图 4-3 采样数据（单位：cm）

（3）布样准备。

①根据采样尺寸裁剪出对应尺寸的面料。

②熨烫平整，丝绺顺直。

（4）划样。

①前中心线（FC）：从右向左距布边 3 cm，作一条垂直线。

②后中心线（BC）：从左向右距布边 3 cm，作一条垂直线。

③胸围线（BL）：从上向下量取 28 cm，作水平线。

④背宽线（BWL）：从上向下量取 18 cm，作水平线。

见图 4-4 所示。

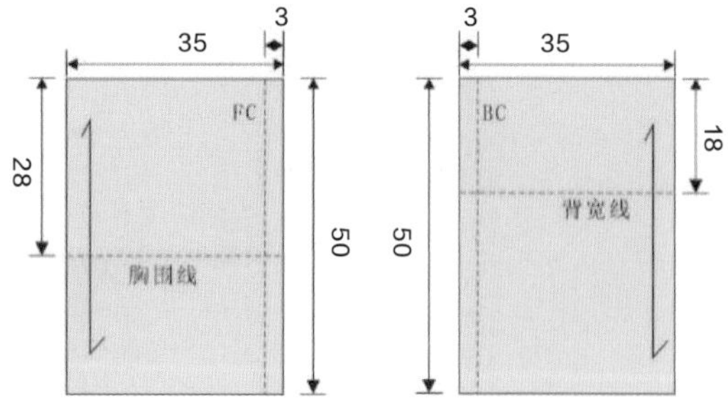

（5）贴标记线。

贴后背宽线如图 4-5 所示。

图 4-4 划样（单位：cm）

2. 操作过程

（1）固定前片。

将前衣片的中心线、胸围线与人台的标志线对齐，并在前中线的颈点、胸围处、腰围处双针固定，注意前中线留有一定松量，如图 4-6 所示。

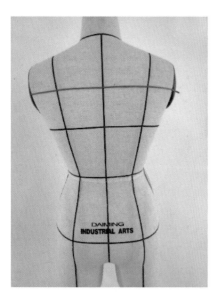

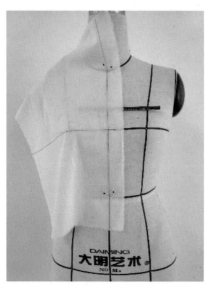

图 4-5 贴标记线

图 4-6 固定前片

（2）处理领口。

将肩颈处的布料抚平，沿人台领围修剪余料，以 1 cm 左右为间距轮流纵向剪一刀，横向剪一刀，使布料与人台肩颈部自然贴合，注意剪口不要超过颈围线，如图 4-7 所示。

（3）加放松量。

在胸围线侧面加放 0.5 cm 松量，并用双针固定；顺势向下，在腰围处加放 0.5 cm 松量，双针固定，如图 4-8 所示。

（4）处理袖窿。

抚平腰部侧面的布料，在袖窿处先标记出几个关键点，如肩点、胸宽点、袖窿深点，确定胸宽点的时候，要将松量包含在内，袖窿深点一般在腋下 2.5 cm 处。最后，粗裁袖窿，不平服时采用打剪口的方法。见图 4-9 所示。

（5）制作腰省。

将腰部产生的余量作为腰省量别住，注意省尖指向 BP 点，腰部不平服时打剪口，如图 4-10 所示。

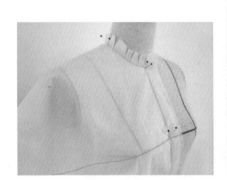
图 4-7 处理领口

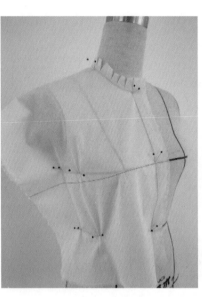
图 4-8 加放松量

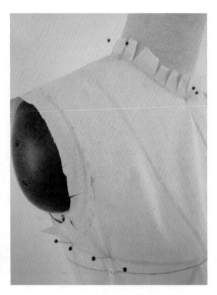
图 4-9 处理袖窿

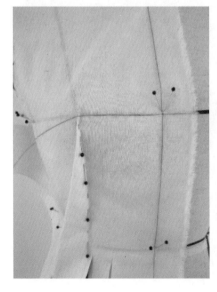

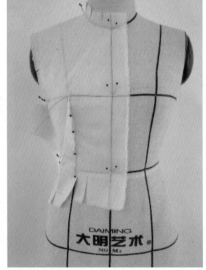

图 4-10 制作腰省

（6）固定后片。

将后衣片的中心线、背宽线与人台的标志线对齐，并在后中线的颈点、背宽处、腰围处双针固定，如图 4-11 所示。

（7）处理领口。

将肩颈处的布料抚平，沿人台领围修剪余料，以 1 cm 左右为间距依次纵向剪一刀，横向剪一刀，使布料与人台肩颈部自然贴合，注意剪口不要超过颈围线，如图4-12所示。

（8）加放松量。

在背宽线上掐捏0.3cm的松量，顺势往下在腰围处捏0.5cm松量，双针固定，如图4-13所示。

（9）制作肩省。

将肩背的余量推向小肩约1/2处，做一个肩省，省尖指向肩胛骨凸起的位置。肩部理顺后，将肩部余料减掉，可以与前肩缝对合，查看前后效果，如图4-14所示。

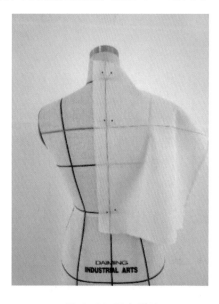
图4-11 固定后片

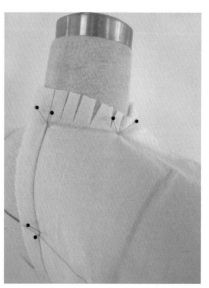
图4-12 处理领口

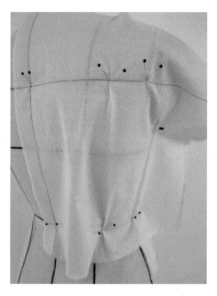
图4-13 加放松量

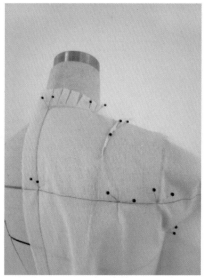
图4-14 制作肩省

（10）处理袖口。

参考背宽点、肩端点、前腋下点粗裁后袖窿，确定背宽点时，要将松量包含在内，如图4-15所示。

（11）制作腰省。

抚平侧缝布料，固定下摆点。将腰部余量作为省量，腰省要与腰围线垂直，注意保持丝缕顺直，省尖指向胸围线附近，如图4-16所示。

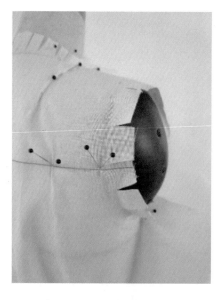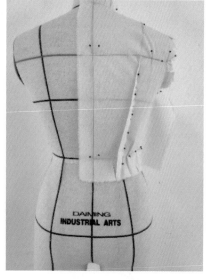

图 4-15 处理袖口　　　　　　　　图 4-16 制作腰省

（12）检查、做记号。

衣身固定于人台上，分别从正面、侧面、背面审视。检查内容包括丝缕顺直，自然合体；轮廓线顺直流畅。确认裙装整体满意后，立体状态下在轮廓线及省位处用记号笔做标记，如图 4-17 所示。

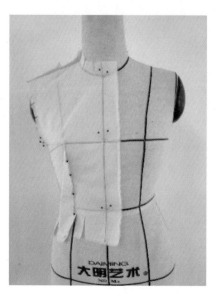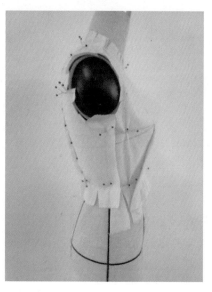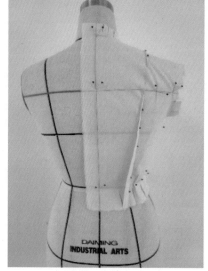

图 4-17 检查、做记号

（13）画结构线。

取下衣片，用曲线尺将袖窿曲线连接圆顺，注意使前袖窿曲度大于后袖窿曲度。用直尺修顺其他结构线，如图 4-18 所示。

（14）检查结构线是否吻合。

将前后肩线对合，看其长度是否一致，并注意前后领口、袖山曲线圆顺。将前后侧缝对合，使其等长，并保持前后袖窿底部、腰部过渡自然圆顺，如图 4-19 所示。

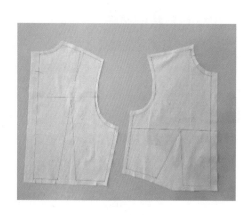

4-18 画结构线

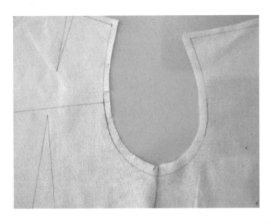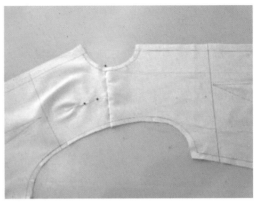

图 4-19 检查结构线

（15）假缝试穿，如图 4-20 所示。

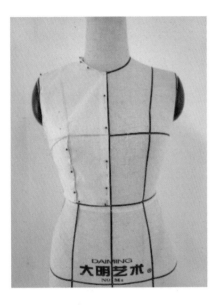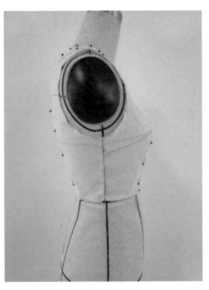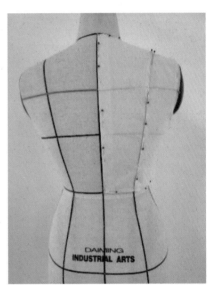

图 4-20 假缝试穿

3. 省的概念

省是服装制作中对余量部分的一种处理形式。将二维的布料置于三维的人体上，由于人体的凹凸起伏、围度的落差比、宽松度的大小以及适体程度的高低，决定了面料在人体的许多部位呈现松散状态。将这些松散量以一种集约式的形式处理便形成了省的概念，省的产生使服装造型由传统的平面造型走向了真正意义上的立体造型。

4. 省转移的原理

收省的目的是使服装适身合体。省道可存在于服装的各个部位，一个省道可以被转移到同一衣片上的其他部位，而不影响服装的尺寸和适体性。省道的位置转移，既丰富了服装的变化，又塑造出完美的人体曲线。

省的转移是省道技术运用的拓展，使适体装的设计走向多样化，立体裁剪中省道转移的原理实际上遵循的就是凸点射线的原理，即以凸点为中心进行的省道移位。例如围绕 BP 点的设计可以引发出无数条省道，除了最基本的胸腰省以外，肩省、袖窿省、领口省、前中心省、腋下省等，都是围绕着胸高点对余缺处部位进行的处理形式。

前衣身的省道可以围绕 BP 点进行 360° 的转移：用腰省的形式转换成其他部位的胸省形式；后衣身的省道分为肩省和后腰省两部分。这两者不能合二为一 。

5. 省转移的形式

常见的几种省转移形式包括腰省、腋下省、袖窿省、肩省和前中省。

（1）腰省。

腰省是省形中最基本的一种形式，将前衣身所有的胸部省道合并为单一的腰省的形式。这时胸围线不成水平状，如图 4-21 所示。

（2）腋下省。

腋下省是把全部多余的量转到腋下的位置上，如图 4-22 所示。

（3）袖窿省。

袖窿省是把全部多余的量转到肩的位置上，如图 4-23 所示。

（4）肩省。

肩省是把全部多余的量转到肩的位置上，如图 4-24 所示。

（5）前中省。

前中省是把前身的全部省量通过省的转移变化前中心省，前中省在省的上部是分开的，下部是一体的，如图 4-25 所示。

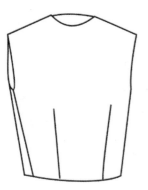
图 4-21 腰省

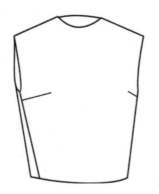
图 4-22 腋下省

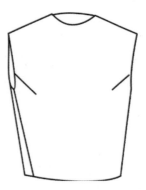
图 4-23 袖窿省

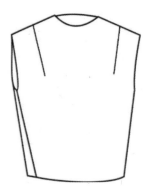
图 4-24 肩省

三、学习任务小结

通过本次任务的学习，同学们已经基本了解衣身立体裁剪和省转移的概念和分类，认识了不同类别省型的衣身造型，初步掌握了衣身的立体裁剪技法。通过教师的示范和指导，同学们对服装立体裁剪具备了基本的认识和能力。课后，需要大家认真完成衣身的立体裁剪作业，培养灵活运用和独立创作的能力。

图 4-25 前中省

四、课后作业

（1）请思考如何应用省道转移的等效互换原理进行自由设计。

（2）用立体裁剪技法制作一件原型衣身。

学习任务 二 衬衫立体裁剪

教学目标

（1）专业能力：了解衬衫的款式造型和结构特点，能够根据不同的要求进行衬衫款式设计，并灵活运用立体裁剪制作衬衫。

（2）社会能力：培养衬衫款式设计的审美能力，训练造型技巧。

（3）方法能力：设计创新能力、设计表现能力。

学习目标

（1）知识目标：了解衬衫的结构造型和类别，分析衬衫各部件的立裁技法，学习衬衫款式设计的方法。

（2）技能目标：能合理地运用服装设计基础知识，充分体现创意思路，结合立体裁剪的特点，创造性地进行衬衫设计与制作。

（3）素质目标：理解衬衫立体裁剪的内在规律和结构特征，培养设计创新能力。

教学建议

1. 教师活动

（1）收集不同款式造型的衬衫图片或视频在课堂上进行展示，归纳衬衫的结构特征，分析衬衫的设计要求和立裁技法。

（2）选择一款造型美观大方的衬衫进行现场立体裁剪示范，强化学生对教学重点和难点的掌握。

2. 学生活动

（1）收集衬衫的相关资料进行学习，并结合服装设计基础知识，设计一款衬衫，绘制出款式图，提高综合设计能力和审美能力。

（2）在教师的指导下，将学生设计的衬衫运用立体裁剪技法制作出来，训练综合设计应用能力。

一、学习问题导入

按照穿着场合，衬衫可简单分为正装衬衫、休闲衬衫、便装衬衫、家居衬衫和度假衬衫等。根据设计要求，衬衫还可以在领子、袖子、衣身、长度、肩部等部位产生不同的设计细节，从而形成丰富多样的衬衫款式造型，如图 4-26 所示。

图 4-26 衬衫展示

二、学习任务讲解

1. 课前准备

（1）款式分析。

本款属于合体造型的时尚款无袖衬衫，强调腰部曲线。领子为立领，前身分割为胸衣、前中片和侧片三部分，并设计了胸片上的胸褶和侧片的风琴褶作为装饰。后背以背宽线和公主线为基准形成了三条分割线。衣身设计了明门襟和单排四粒扣，见图 4-27 所示。

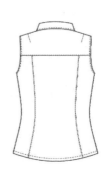

图 4-27 衬衫款式图

（2）采样数据

以中码的人台尺寸进行采样，尺寸如下：

① 胸衣片高度 = 人台侧颈点量至分割线处 + 松量（10 ~ 15）cm，取 42 cm；

前胸衣片宽度 = 人台 1/4 胸围量 + 松量（10 ~ 15）cm，取 35 cm；

② 前中衣片高度 = 分割线量至下摆处 + 松量（10 ~ 15）cm，取 42 cm；

前中衣片宽度 = 人台 1/8 胸围量 + 松量（10 ~ 15）cm，取 25 cm；

③ 前侧风琴褶衣片高度 = 分割线量至下摆处 + 褶量 + 松量（10 ~ 15）cm，取 90 cm；

前侧风琴褶衣片宽度 = 人台 1/8 胸围量 + 松量（10 ~ 15）cm，取 25 cm；

④ 后肩片高度 = 人台侧颈点量至背宽线处 + 松量（10 ~ 15）cm，取 30 cm；

后肩片宽度 = 人台 1/2 后背宽量 + 松量（10 ~ 15）cm，取 35 cm；

⑤ 后中衣片高度 = 后背宽线量至下摆处 + 松量（10 ~ 15）cm，取 55 cm；

后中衣片宽度 = 人台 1/8 胸围量 + 松量（10 ~ 15）cm，取 25 cm；

⑥ 后侧衣片高度 = 后背宽线量至下摆处 + 松量（10 ~ 15）cm，取 55 cm；

后侧衣片宽度 = 人台 1/8 胸围量 + 松量（10～15）cm，取 25 cm；

⑦立领布样长度 =1/2 颈围（约 20 cm）+ 松量（5 cm），取 25 cm；

立领布样宽度 = 领高（约 4 cm）+ 预留量（6 cm），取 10 cm。

采样数据如图 4-28 所示。

（3）布样准备。

①根据采样尺寸裁剪出对应尺寸的面料。

②熨烫平整，丝绺顺直。

（4）划样。

①领后中线（CB）：从左向右距布边 2cm，作垂直线；

②领子水平辅助线：从下向上距布边 2cm，作水平线；

③衣身前中心线（FC）：从右向左距布边 3 cm，作一条垂直线；

④胸围线（BL）：从上向下量取 25 cm，作水平线；

⑤衣身后中心线（BC）：从左向右距布边 3 cm，作一条垂直线；

⑥背宽线（BWL）：从上向下量取 18 cm，作水平线。

划样如图 4-29 所示。

（5）贴标记线。

①前片：贴胸褶分割线和下摆线。

②后片：贴后背宽线和下摆线。

贴标记线如图 4-30 所示。

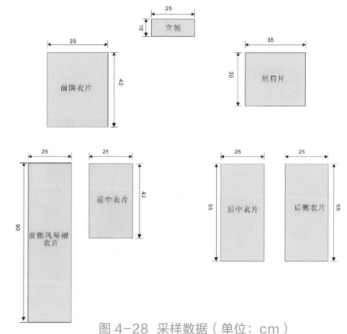

图 4-28 采样数据（单位：cm）

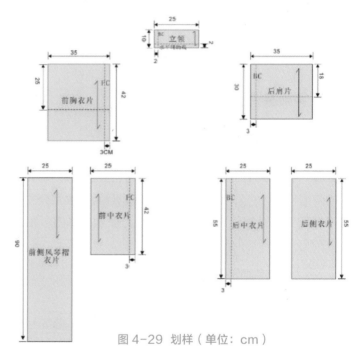

图 4-29 划样（单位：cm）

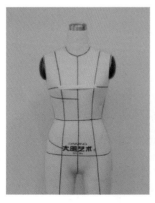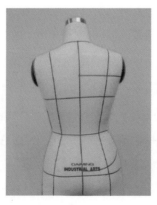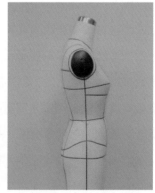

图 4-30 贴标记线

2. 操作过程

（1）制作前胸衣片。

①固定裁片。

将前胸衣片的中心线、胸围线与人台的标志线对齐，并在前中线的颈点、胸褶分割线处双针固定，注意前中线留有一定松量，如图4-31所示。

②处理领口。

将肩颈处的布料抚平，沿人台领围修剪余料，以1 cm左右为间距依次纵向剪一刀，横向剪一刀，使布料与人台肩颈部自然贴合，注意剪口不要超过颈围线，如图4-32所示。

图4-31 固定裁片

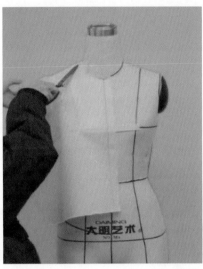

图4-32 处理领口

③处理袖窿。

抚平腰部侧面的布料，在袖窿处先标记出几个关键点，如肩点、胸宽点、袖窿深点，确定胸宽点的时候，要将松量包含在内，袖窿深点一般在腋下2.5cm处。最后，粗裁袖窿，不平服时采用打剪口的方法，如图4-33所示。

④制作胸褶。

将侧边的布料抚平，在侧缝线与胸褶分割线交界处固定。余量在公主线与胸褶分割线交点附近制作成大小和间距均匀的三四个褶裥，别合固定，如图4-34所示。

⑤修剪前胸片。

从侧缝往里沿着胸褶分割线修剪，留约1～2cm缝份，完成后做标记，如图4-35所示。

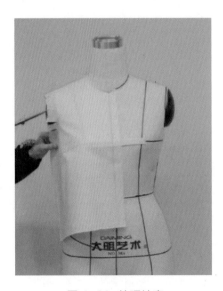

图4-33 处理袖窿

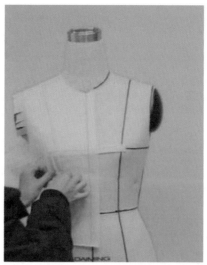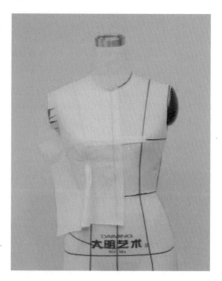

图 4-34 制作胸褶

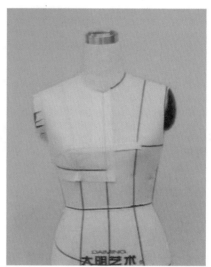

图 4-35 修剪前胸片

（2）制作前中衣片。

①固定衣片。

将前中衣片的中心线与人台的标志线对齐，并在胸褶分割线处、下摆处双针固定，如图 4-36 所示。

②修剪前中衣片。

抚平裁片。由于腰部结构导致的不平服，可以沿公主线外侧向内打剪口，并沿公主线双针固定。修剪裁片边缘，留 1 ~ 2 cm 缝份，如图 4-37 所示。

（3）制作侧边风琴褶。

①固定下侧衣片。

将裁片竖直摆放，并在胸褶分割线与侧缝线、公主线的交点处双针固定，如图 4-38 所示。

②制作风琴褶。

于胸褶线下约 3cm 处掐捏衣褶并向上提拉叠合形成规律褶，制作过程中应注意在准备阶段时绘制好垂直的布纹标识，衣褶与衣褶之间均对齐布纹垂直线，每褶大小和间距尽量一致，如图 4-39 所示。

③整理前衣片。

沿着公主线将前中衣片与侧边风琴褶衣片对别缝合；整理前衣片，检查各处是否自然合体，如图4-40所示。

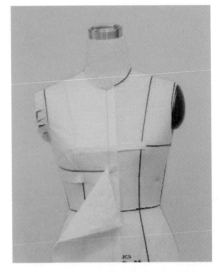

图4-36 固定前衣片

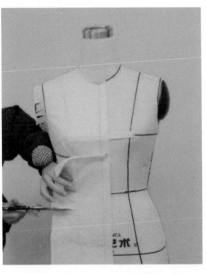

图4-37 修剪前中衣片

图4-38 固定下侧衣片

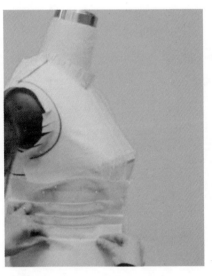

图4-39 制作风琴褶

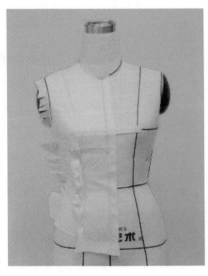

图4-40 整理前衣片

（4）制作后肩衣片。

①固定后肩衣片。

将裁片的中心线与人台的标志线对齐，并在后中线的颈点、背宽处双针固定，如图4-41所示。

②处理后领口。

将肩颈处的布料抚平，沿人台领围修剪余料，以1 cm为间距依次纵向剪一刀，横向剪一刀，使布料与人台肩颈部自然贴合，注意剪口不要超过颈围线，如图4-42所示。

③制作肩省。

将肩背的余量推向小肩约1/2处，做一个肩省，省尖指向肩胛骨凸起的位置。肩部理顺后，将肩部余料剪掉，可以与前肩缝对合，查看前后效果。最后，将背宽线在裁片上做好标记，如图4-43所示。

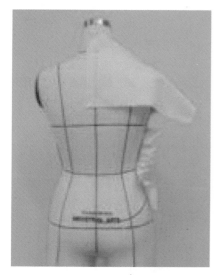
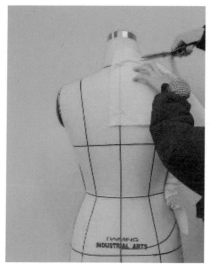
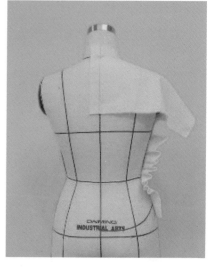

图 4-41 固定后肩衣片 　　　　　　　图 4-42 处理后领口

（5）制作后中衣片。

①固定后中衣片。

将裁片的中心线与人台的标志线对齐，并在后中线的背宽处和下摆处双针固定，如图 4-44 所示。

②修剪后中衣片。

抚平裁片。由于腰部结构导致的不平服，可以沿公主线外侧向内打剪口，并沿公主线与背宽线、下摆线的交点处双针固定。修剪裁片边缘，留 1 ~ 2cm 缝份，如图 4-45 所示。

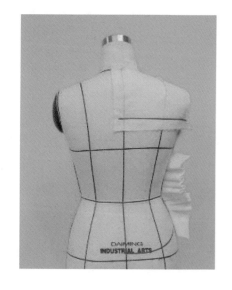
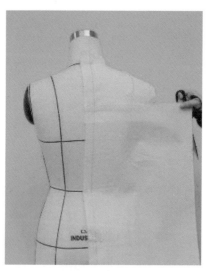
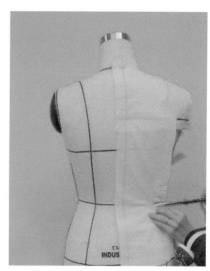

图 4-43 制作肩省 　　　　　图 4-44 固定后中衣片 　　　　　图 4-45 修剪后中衣片

（6）制作后侧衣片。

①固定裁片。

将裁片竖直摆放，并在背宽线与公主线、袖窿弧线的交点处双针固定，如图4-46所示。

②修剪后侧衣片。

抚平裁片。由于腰部结构导致的不平服，可以沿公主线内侧和侧缝线外侧向内打剪口使其平服。修剪裁片边缘，留1～2cm缝份，如图4-47所示。

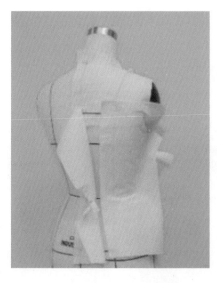

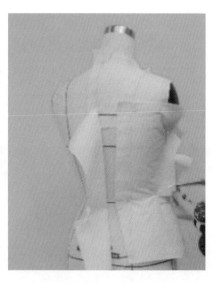

图4-46 固定裁片　　　　　　　　图4-47 修剪后侧衣片

③整理后衣片。

沿着公主线，将后中衣片与后侧衣片对别缝合。沿着侧缝，将后侧衣片与前侧风琴褶衣片对别缝合。参考背宽点、肩端点、前腋下点粗裁后袖窿，确定背宽点时，要将松量包含在内。将后衣片的袖窿线与肩线做好标记，整理后衣片，检查各处是否自然合体，如图4-48所示。

（7）制作衣领。

①固定领片。

将面料上的后中线、水平辅助线与人台的后中线、颈围线对齐，在后颈点双针固定，如图4-49所示。

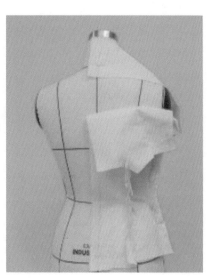

图4-48 整理后衣片　　　　　　　　图4-49 固定领片

②固定领后侧、领侧。

将后领口弧线平均分为三段，在靠近后颈点的 1/3 处固定，并在领布底边打剪口，剪口深度不能超过水平辅助线。保持布面与颈部走势一致，同时根据领子造型的倾斜形态调整布料与颈部中的空间，于后领口线 2/3 处继续固定。继续在领布底边打剪口、安装衣领，使得领片在颈侧处合体且不出现拉伸现象。横针固定颈肩点，完成后领口的固定。可以看出颈根围线已经向上偏离水平辅助线，使得装领线出现小部分起翘量，如图 4-50 所示。

③别合前领口。

顺着后领出现的起翘量走势把前领口别好，同时根据需要在布面底部打剪口、固定。注意领围线上尽量不要有牵拉或松量，领口弧线平整结合，如图 4-51 所示。

④整理衣领。

从人台的正上方观察立领在颈部的松量是否均匀，调整后做领线标记，如图 4-52 所示。

 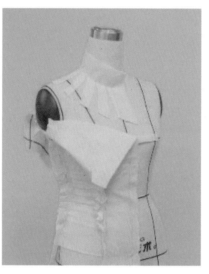 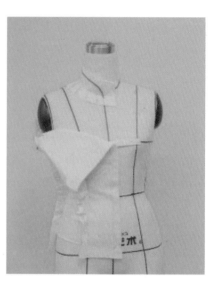

图 4-50 固定领后侧、领侧　　　　图 4-51 别合前领口　　　　图 4-52 整理衣领

（8）检查、做记号、整理裁片。

衣身固定于人台上，分别从正面、侧面、背面审视。检查内容包括丝缕顺直，自然合体。轮廓线顺直流畅。确认裙装整体满意后，立体状态下在轮廓线及省位处用记号笔做标记。取下衣片，修顺所有结构线。检查结构线是否吻合，如图 4-53 所示。

（9）假缝试穿。

将衬衫假缝后固定于人台上，分别从正面、侧面、背面审视。检查内容包括纱向垂顺、自然合体、轮廓线顺直流畅，如图 4-54 所示。

图 4-53 整理裁片

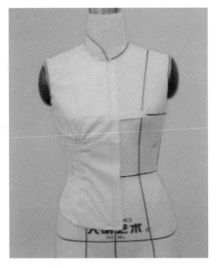  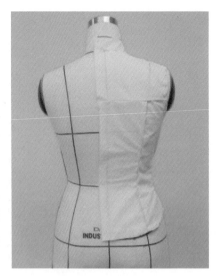

图4-54 假缝试穿

三、学习任务小结

通过本次任务的学习，同学们已经基本了解了衬衫的造型与结构，认识了不同领型、袖型、衣身等的衬衫造型，也初步掌握了衬衫的立体裁剪技法。通过教师的示范和指导，同学们对衬衫立体裁剪具备了基本的认识和能力。课后，需要大家认真完成衬衫的立体裁剪作业，培养灵活运用和独立创作的能力。

四、课后作业

（1）设计并绘制一款衬衫款式图，用立体裁剪技法制作完成。

（2）写一份衬衫立体裁剪的实训报告书。

学习任务 三 外套立体裁剪

教学目标

（1）专业能力：了解外套立体裁剪的方法。

（2）社会能力：具备一定的外套设计审美能力和造型分析能力。

（3）方法能力：设计创新能力、立体裁剪操作能力。

学习目标

（1）知识目标：了解外套立体裁剪的方法和步骤。

（2）技能目标：能结合外套的款式进行立体裁剪。

（3）素质目标：具备一定的立体造型能力和艺术审美能力。

教学建议

1. 教师活动

教师讲解和示范外套立体裁剪的方法，并指导学生进行实训。

2. 学生活动

观看教师讲解和示范外套立体裁剪的方法，并在教师的指导下进行实训。

一、学习问题导入

设计师 Andrew Gn 在 2021 年度春夏推出了一款融合了 18 世纪洛可可样式与日本和服轮廓的精巧繁杂的服装款式。其领口褶装饰和日本折纸风格的袖褶皱设计，粗腰带搭配下的蓬蓬短裙，表现出女装外套时尚、个性的特点，如图 4-55 所示。本次任务我们一起来学习外套的立体裁剪方法。

二、学习任务讲解

外套立体裁剪步骤如下。

步骤一：依据款式需求，首先在人台上用针固定手臂，注意手臂位置前后合适，如图 4-56 所示。

步骤二：取适量面料，找出面料纱向线，做前上部分。分别用大头针依次由上到下固定在人台前中心线上，摆平面料，在自然状态下于肩下用大头针固定一针，如图 4-57 所示。

步骤三：自然转折至侧面，摆正纱向分别固定胸围线上、腰围线上各一针，如图 4-58 所示。修剪腰下多余量，用大头针收腰省，注意松紧适度，如图 4-59 和图 4-60 所示。

步骤四：摆平肩部面料，用笔在前片画出前肩线，并用剪刀修剪多余量，注意不要修剪过多，如图 4-61 ～图 4-63 所示。

图 4-55 时尚女装外套

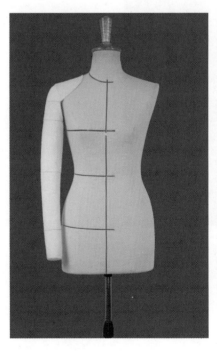

图 4-56 步骤一

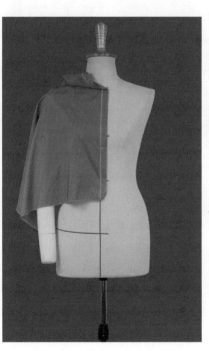

图 4-57 步骤二

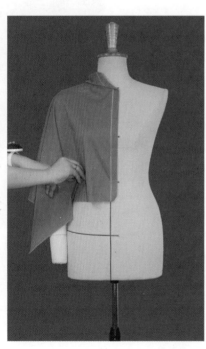

图 4-58 步骤三（1）

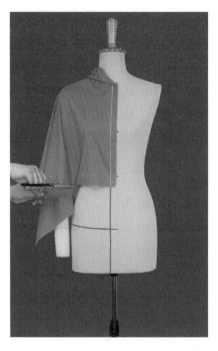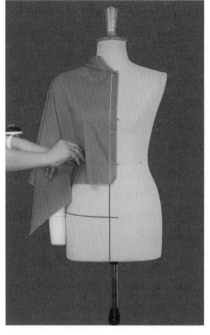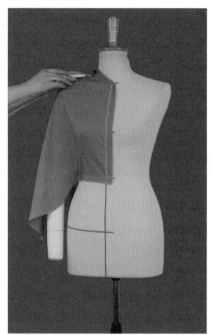

图 4-59 步骤三（2）　　　　图 4-60 步骤三（3）　　　　图 4-61 步骤四（1）

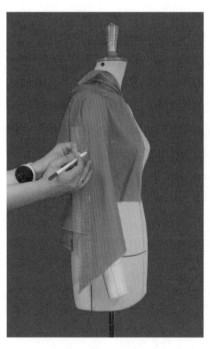

图 4-62 步骤四（2）　　　　　　　图 4-63 步骤四（3）

　　步骤五：收前领两个褶，延伸至后片，修剪多余量，先做出大概造型，便于最后进行调整，如图 4-64 和图 4-65 所示。前上半部造型完成，如图 4-66 所示。

　　步骤六：整理前领褶延伸至后片，在横开领与肩缝交叉位置打剪口，如图 4-67 和图 4-68 所示。

　　步骤七：取适量面料，找出面料纱向线，做后上部分。分别用大头针依次由上到下固定在人台后中心线上，修剪后领多余量，如图 4-69 和图 4-70 所示。

　　步骤八：摆正后片纱向，收去肩部多余省量并修剪。沿肩缝标注线抓合前后肩缝，打后领圈剪口，后领与后片抓合，如图 4-71 ~ 图 4-73 所示。

步骤九：修剪后腰下多余量，收后腰省如图 4-74 和图 4-75 所示。抓合前后侧缝，前后肩缝至袖长，修剪侧缝，袖内侧缝，如图 4-76 和图 4-77 所示。

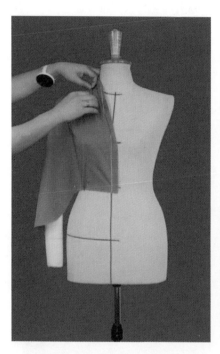

图 4-64 步骤五（1）

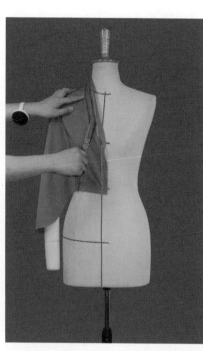

图 4-65 步骤五（2）

图 4-66 步骤五（3）

图 4-67 步骤六（1）

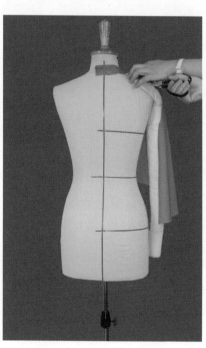

图 4-68 步骤六（2）

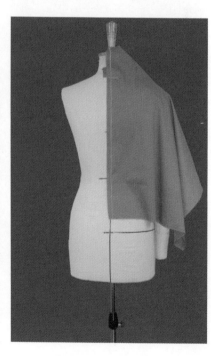

图 4-69 步骤七（1）

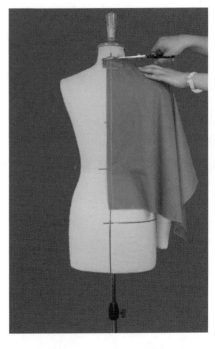

图 4-70 步骤七（2）

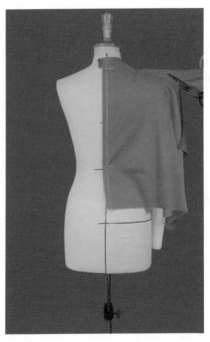

图 4-71 步骤八（1）

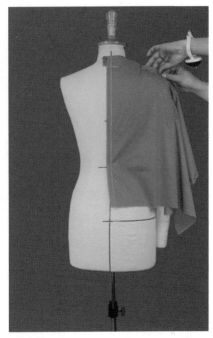

图 4-72 步骤八（2）

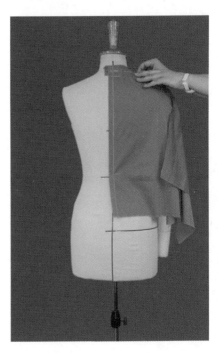

图 4-73 步骤八（3）

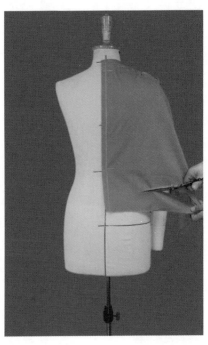

图 4-74 步骤九（1）

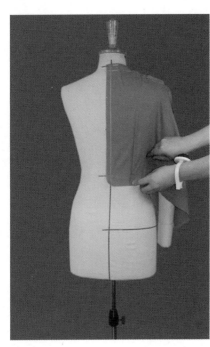

图 4-75 步骤九（2）

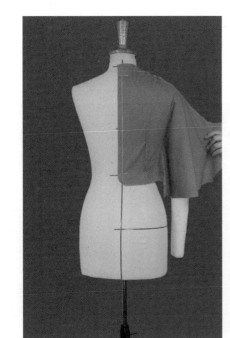

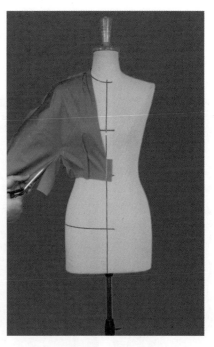

图 4-76 步骤九（3）　　　　　　图 4-77 步骤九（4）

步骤十：用笔重新画出腰分割线位置，并修剪，如图 4-78 所示。

步骤十一：取适量面料，找出面料纱向线，做前下片。分别用大头针依次由上到下固定在人台前中心线上。摆平纱向，用大头针固定前侧面，如图 4-79 所示。

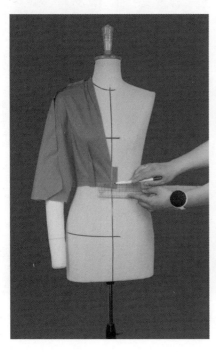
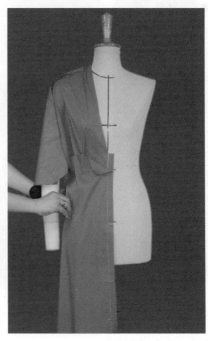

图 4-78 步骤十　　　　　　　　图 4-79 步骤十一

步骤十二：依次做前下褶造型，倒向前中，注意褶造型度，修剪侧面多余量，如图 4-80 ~ 图 4-84 所示。

步骤十三：取适量面料，找出面料纱向线，做后下片。分别用大头针依次由上到下固定在人台后中心线上，注意后腰位收进 1cm 左右，如图 4-85 所示。

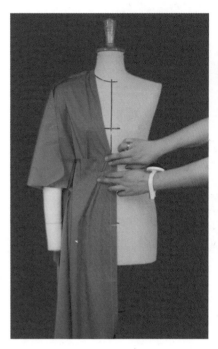

图 4-80 步骤十二（1）

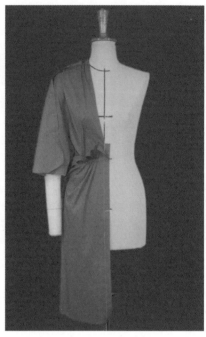

图 4-81 步骤十二（2）

图 4-82 步骤十二（3）

图 4-83 步骤十二（4）

图 4-84 步骤十二（5）

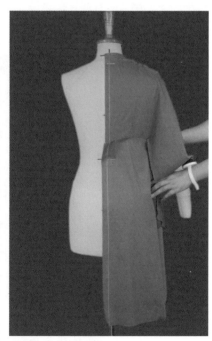

图 4-85 步骤十三

步骤十四：同样的方法依次做后下褶造型，倒向后中，注意褶造型度，修剪侧面多余量，如图4-86和图4-87所示。

步骤十五：修剪前后下片腰位多余量，沿人台侧面标注线抓合前后侧缝，如图4-88和图4-89所示。

步骤十六：依据衣长比例标注前后衣长，修剪多余量，如图4-90和图4-91所示。

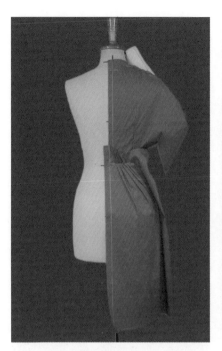

图4-86 步骤十四（1）

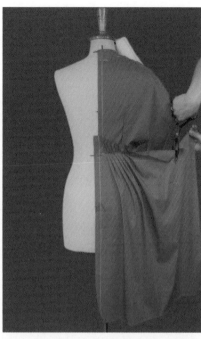

图4-87 步骤十四（2）

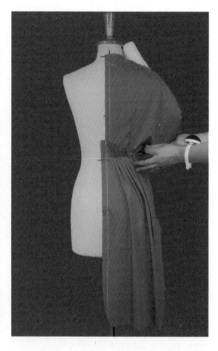

图4-88 步骤十五（1）

图4-89 步骤十五（2）

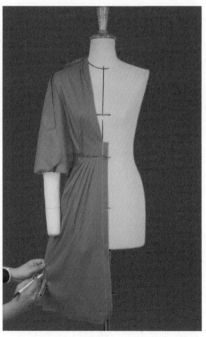

图4-90 步骤十六（1）

图4-91 步骤十六（2）

步骤十七：整理前后侧缝，袖内外侧，修剪多余量完成部分造型，如图4-92和图4-93所示。

步骤十八：取7字型面料一块，做前下中荷叶国边造型，修剪多余量，调整至设计要求造型，如图4-94和图4-95所示。

步骤十九：前后袖中线用手缝针线叠合，用大头针固定，整理袖内外侧收褶皱造型，如图4-96～图4-99所示。

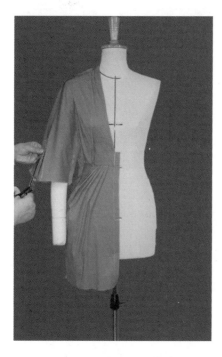

图 4-92 步骤十七（1）

图 4-93 步骤十七（2）

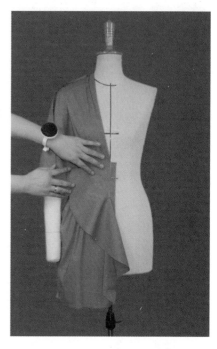

图 4-94 步骤十八（1）

图 4-95 步骤十八（2）

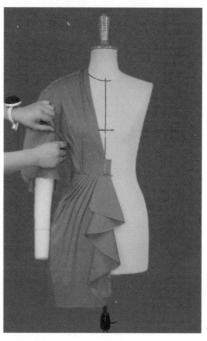

图 4-96 步骤十九（1）

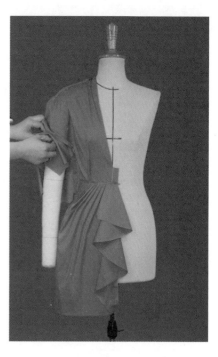

图 4-97 步骤十九（2）

步骤二十：取双层长条做袖口，分别与前、后袖口用大头针固定，完成袖造型如图 4-100 和图 4-101 所示。

步骤二十一：调整整件服装造型比例，修剪不合适的地方，固定腰带，完成作品，如图 4-102 所示。

 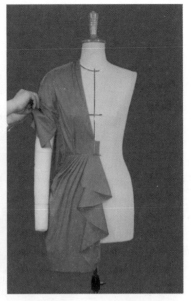

图 4-98 步骤十九（3）　　　　图 4-99 步骤十九（4）

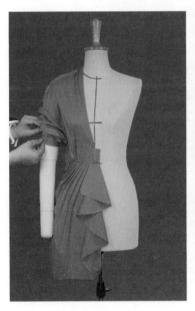  

图 4-100 步骤二十（1）　　　　图 4-101 步骤二十（2）　　　　图 4-102 步骤二十一

三、学习任务小结

通过本次任务的学习，同学们已经基本了解了女装外套的造型与结构，掌握了女装外套的立体裁剪方法、步骤和技巧。通过教师的示范和指导，同学们对女装外套立体裁剪有了基本的认识并掌握了制作技能。课后，需要大家认真完成女装外套的立体裁剪作业，培养独立创作的能力。

四、课后作业

设计并绘制一款女装外套款式图，并用立体裁剪技法制作完成。

项目五
礼服立体裁剪

学习任务 一 简约型礼服立体裁剪

教学目标

（1）专业能力：掌握简约型礼服立体裁剪的操作方法及步骤，能独立完成简约礼服的立体裁剪。

（2）社会能力：具备团队合作意识和沟通能力。

（3）方法能力：具备一定的立体裁剪能力和立体造型能力。

学习目标

（1）知识目标：了解简约型礼服的种类、常用面料和装饰手法，以及简约型礼服立体裁剪的方法。

（2）技能目标：能进行简约型礼服的立体裁剪。

（3）素质目标：具备一定的艺术审美能力和艺术创新能力。

教学建议

1. 教师活动

（1）教师前期收集不同简约型礼服图片进行展示和分析，提高学生对简约型礼服的认识，激发学生学习兴趣。

（2）教师示范简约型礼服立体裁剪的操作方法及步骤，并指导学生进行实训。

2. 学生活动

学生在教师的引导下，赏析优秀的简约型礼服立体裁剪案例，进一步理解简约型礼服立体裁剪的基本步骤和方法，并在教师的指导下进行实训。

一、学习问题导入

礼服是礼仪场合穿着的服装，包括礼仪服、社交服、婚礼服、晚礼服等。礼服以裙装为基本款式，是在隆重、正式的场合穿着的正装。礼服种类较多，西方传统的礼服包括晨礼服、小礼服（晚餐礼服或便礼服）和大礼服（燕尾服）。

女式礼服在款式和材料上较男式礼服更为多样，材料考究，在灯光下有闪烁效果，面料柔软、飘逸，悬垂性好，可采用真丝、丝绒、软缎、乔其绒、乔其纱等高档材料，或是涤纶仿丝绸、锦纶锻等化学纤维面料。晚礼服需要有较强的装饰感，所以常用首饰、胸饰，以及羽毛、珠片、绣花等服饰配件。

中式女装礼服强调女性窈窕的身材，夸张臀部以下裙子的重量感，肩、胸、臂的充分展露，为华丽的首饰留下表现空间。中式女装礼服常采用低领口设计，领部细褶，局部采用镶嵌、刺绣工艺，以及华丽花边、蝴蝶结、玫瑰花等，给人以古典、庄重的印象。

二、学习任务讲解

简约型礼服立体裁剪实训任务讲解如下。

此款合体式简约礼服胸部采用折叠褶造型，运用高腰斜线式分割，腰间采用双条腰带斜向设计。整件礼服线条丰富，立体感强，给人以修长、脱俗之感。面料宜选择质地柔软或具有弹性的织物，如丝绸、丝绒类等。胸贴可以根据实际需求调整大小和厚度，如图 5-1 所示。

图 5-1　简约型礼服款式

1. 准备工作

（1）根据款式贴出前后片的标志线，如图 5-2 所示。

（2）坯布准备。

①前领贴片：长取前领贴中心长 +10cm；宽取前领贴宽 /2+10cm。

②前中片：长取前中片中心长 +10cm；宽取前胸围 /2+10cm。

③前腰带：长取腰带宽 +15cm；宽取前腰围宽 +10cm。

④前裙片：长取前裙长 +（20 ~ 30）cm；宽取 120 ~ 160cm。

⑤后领贴片：长取后领贴中心长 +10cm；宽取后领贴宽 /2+10cm。

图 5-2　贴标志线

⑥后背片：长取后背长 +10cm；宽取后胸围 /2+10cm。

⑦后裙片：长取后裙长 +（20 ~ 30）cm；宽取 120 ~ 160cm。

所有布块完成效果如图 5-3 和图 5-4 所示。

2. 操作方法及技巧

（1）前片立裁。

①将领子的前中线与人台的前中线对齐并固定，沿领圈从前中心依次往侧颈点打剪口，一边剪一边抚平布料，固定侧颈点及肩点位置，沿领贴外轮廓造型线，预留 1 ~ 2 cm 进行修剪，如图 5-5 所示。

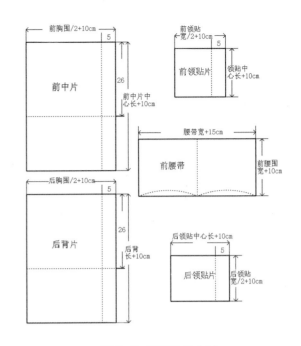

图 5-3　坯布准备（1）

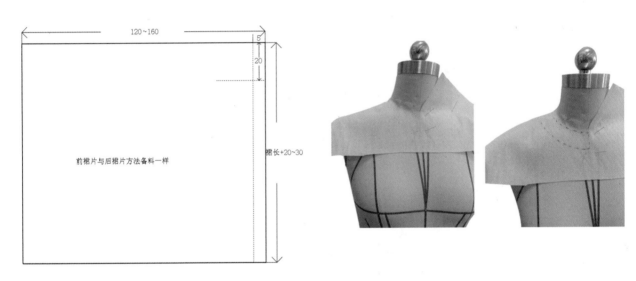

图 5-4　坯布准备（2）（单位：cm）　　　　　　图 5-5　前片立裁（1）

②将前中片的前中心线、胸围线与人台线的前中心线、胸围线对齐并固定。将胸围线以上部位抚平，沿中心线造型线预留 1 ~ 2 cm 进行修剪。顺势将胸围线以下的部位利用胸部多余量推出腰部单褶，沿腰口线打剪口，使衣身部分平整，根据廓形点影出廓形，如图 5-6 所示。

③预留出 1 ~ 2 cm 进行修剪，将腰带固定在人台上，抚平腰带，腰口下部打剪口使面料平整服帖，如图 5-7 所示。

④点影出腰带造型，预留出 1 ~ 2 cm 进行修剪，如图 5-8 所示。

⑤将裙片的前中心线与人台的前中心线对齐，从前中依次向侧边做出多个波浪褶，同时修剪腰部多余的量。用标记带从腰口拉垂线，作出前侧片造型线，确定裙长，用标记带贴出底摆造型，并修剪裙长，如图 5-9 所示。

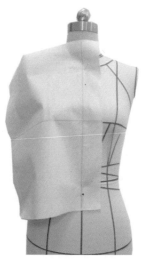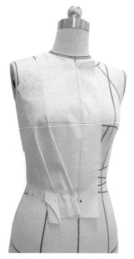

图 5-6 前片立裁（2）

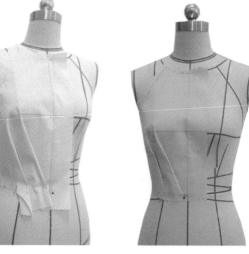

图 5-7 前片立裁（3）

图 5-8 前片立裁（4）

图 5-9 前片立裁（5）

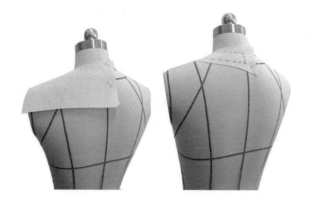

图 5-10 后片立裁（1）

（2）后片立裁。

①将后领片的中心线与前领片的中心线对齐，沿领圈打剪口，顺势从后中心线向肩部抚平，根据造型标识线点影出后领廓形，预留 1～2 cm 进行修剪，如图 5-10 所示。

②后片的中心线与人台的中心线对齐，胸围线与人台的胸围线对齐，固定裁片。将胸围线上部从后中心线向肩部抚平，点影出廓形，将多余的量推向腰部，作出后腰省，如图 5-11 所示。

③在腰部边打剪口边做造型，点影出后片廓形，做出后片，预留出 1～2 cm 进行修剪，如图 5-12 所示。

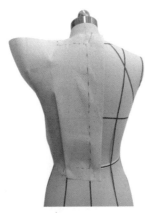

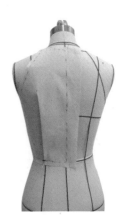

图 5-11 后片立裁（2）   图 5-12 后片立裁（3）

④将裙片的后中心线与人台的后中心线对齐，从后中依次向侧边做出多个波浪褶，同时修剪腰部多余的量。做出后裙片造型。用标记带从腰口拉垂线，做出后侧片造型线，如图 5-13 所示。

⑤预留出1～2cm进行修剪，根据前裙片的长度做出底摆造型，预留出1～2cm进行修剪，如图5-14所示。

（3）布样修正。

将所有布样取下，在平面上进行修正调整，画清楚轮廓线、结构线，并标记对位剪口，如图 5-15 所示。

（4）假缝试样。

用手缝或机缝的方式将修正好的布样进行裁片缝合，完成裙子的假缝，检查上衣与裙子的比例，褶的位置，腰带的宽窄和位置，波浪的大小、间距、稳定性等，注意整体的平衡。根据情况再进行调整，如图 5-16 所示。

图 5-13 后片立裁（4）   图 5-14 后片立裁（5）

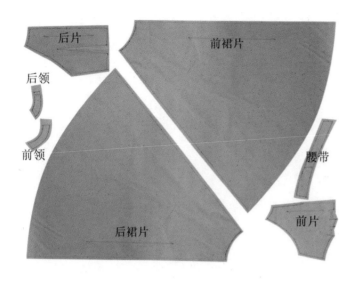

图 5-15 布样修正

图 5-16 假缝试样

（5）纸样复制，将样布取下，用拷贝纸覆盖在样布上，复制出纸样。

（6）成衣缝制，按复制好的纸样进行铺料裁剪，结合款式质量要求缝制出成衣，完成立体裁剪成衣制作。

三、学习任务小结

本次任务主要讲述了以下知识点：

（1）款式分析，理解简约型礼服的款式结构特点、质量要求；

（2）人台上贴制标识线方法和备料方法；

（3）运用立体裁剪方法塑造出简约型礼服的服装造型；

（4）布样修正、假缝、纸样复制、成衣制作方法。

四、课后作业

完成一款小礼服的设计和立体裁剪。

创意型礼服立体裁剪

教学目标

（1）专业能力：学习和了解礼服的常见造型及款式特点,能进行款式分析;能进行面料的估算,并正确裁取布料;能根据立体裁裁片进行布样假缝、纸样复制及样衣制作;能根据款式特点正确贴制人台标志线;能根据立体裁剪假缝效果合理修正纸样,并完成样衣制作。

（2）社会能力：了解婚纱礼服的面料及造型特点,能胜任立裁相关的工作。

（3）方法能力：能总结所学知识要点,并能灵活应用;能养成良好的学习习惯;能与人有效沟通。

学习目标

（1）知识目标：认识服装款式、面料特点;掌握面料估算的方法;能整理面料;认识立体裁剪的应用。

（2）技能目标：能分析款式特点;会正确撕取布料;能根据款式特点正确贴制人台标志线;能根据款式图合理进行立体裁剪操作;会依据立体裁剪的裁片进行假缝,并复制纸样制作样衣。

（3）素质目标：培养学生良好的学习习惯,增强专业学习兴趣,培养学生的创新意识及分析问题解决问题的能力,了解中国传统礼服的样式、纹样及用色特点。

教学建议

1. 教师活动

（1）发放立体裁剪需准备的材料和用具清单，要求学生做好课前准备。

（2）运用各种教学方法和手段，借助多媒体技术，结合图片、实物帮助学生认识创意型礼服的款式特点、面料要求、质量要求。

（3）示范创意型礼服的立体裁剪操作方法和步骤，并指导学生实训。

2. 学生活动

（1）准备立体裁剪礼服所需的工具、材料。

（2）观看教师示范，重点看人台基准线的粘贴、布料裁取、整理熨烫的方法，并在教师的指导下进行创意型礼服的立体裁剪实训。

一、学习问题导入

礼服的立体裁剪是服装立体裁剪的重要分支。裁剪制作时要根据礼服的款式特点，设计合理的尺寸，通过在人台上贴制正确的标志线来表现礼服的服装结构，并运用立体裁剪操作方法完成礼服的立体造型，再依据立体裁剪的裁片制作纸样。接下来我们一起来学习具体的操作方法。

二、学习任务讲解

创意鱼尾裙的立体裁剪实训过程如下。

1. 款式分析

该创意礼服款式为无袖、紧身吊带拖尾式鱼尾裙。后中分割装隐形拉链，前片以胸线中点为起点斜向臀部进行分割，形成倒 V 形分割线。整个衣身共有 9 片：前侧片从胸点以下收省倾斜至臀部侧缝，前衣有 3 片，裙片 2 片；后衣身以后中线为对称轴，左右边各分为 2 片。右腋下经过腰部倾斜至左臀部有细条状装饰线，腰部以下用褶皱雪纺面料点缀裙身，形象地塑造了鱼尾裙的视觉美感，如图 5-17～图 5-21 所示。

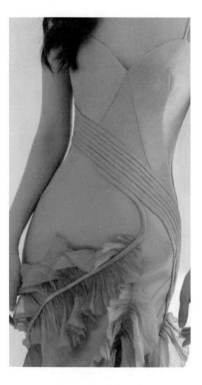

图 5-17 鱼尾裙成品正面图　　　　图 5-18 鱼尾裙成品背面图　　　　图 5-19 细节图

2. 操作步骤及方法

（1）人台准备。

贴好人台基准线（胸围线、腰围线、臀围线等），根据礼服的款式特点在人台上用色带标记出前后衣片、裙片、腰省及侧缝分割位置，如图 5-22～图 5-24 所示。

（2）坯布准备。

①前侧片：长取领围线至臀围线长度 +（10～20）cm，宽取胸围 /2+10cm，立裁时用斜纱。

图 5-20 鱼尾裙结构分割线平面款式图　　　　图 5-21 有装饰线的平面款式图

②前中片：长取胸围线至膝围线长 +10 cm；宽取前臀围 +（5 ~ 10）cm，立裁时用斜纱。

③前右裙片侧片 1：长取前臀围线至地面 +30 cm，总长大概 2.5 m；裙下摆宽取 4 倍臀围宽 +（5 ~ 10）cm。

④前右裙片侧片 2：长取前臀围线至地面 +30 cm，总长大概 2.5m；裙下摆宽取臀围宽 +10 cm。

⑤后裙片为 4 片式公主分割片，后中裙片长取后胸围线至地面延长 30 cm，裙摆宽取后臀围 /2+15 cm。后侧片长取后胸围线至地面延长 40 cm，裙摆宽取后臀围 /2+15 cm。

⑥装饰条：单长取 300 cm，宽取 3cm 左右，用斜丝布料。

取样面料如图 5-25 和图 5-26 所示。

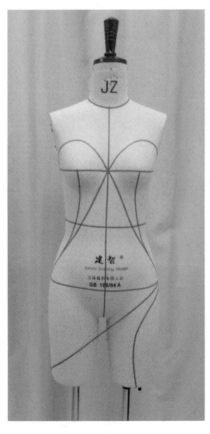

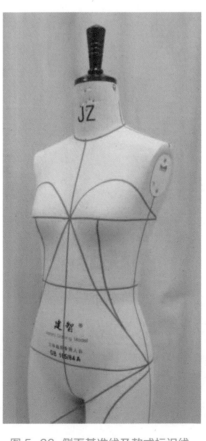

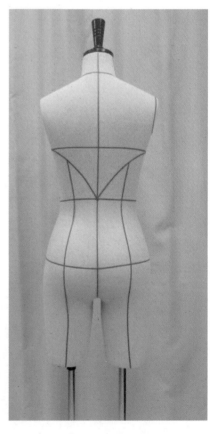

图 5-22 正面基准线及款式标识线　　　图 5-23 侧面基准线及款式标识线　　　图 5-24 背面基准线及款式标识线

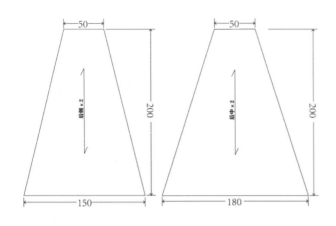

图 5-25 面料取料图 1（单位：cm）

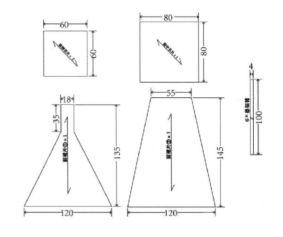

图 5-26 面料取样图 2（单位：cm）

3. 制作前衣身

（1）立裁前左、右侧衣片。

步骤一：将取样面料的前中心线、胸围线与人台基准线对齐，用大头针在中心线上下位置、BP 点附近位置固定，如图 5-27 所示。

步骤二：从前中线开始，将胸部面料从中心线逆时针往侧缝抚平，侧缝面料垂直状态下沿侧缝线以内 1 cm 处固定，将多余面料沿侧缝向前中线方向推至腰省标记线位置，用大头针固定，在腰省位置预留 2cm 缝边，将省剪开，如图 5-28 所示。

步骤三：沿前中线位置往侧缝方向将多余面料推至腰省并抚平，如图 5-29 所示。预留 2cm 缝边，将多余面料修剪掉，打剪口，检查确保无褶皱，裁片平服与人台贴合。

步骤四：别合胸腰省，省尖挑别，其他地方斜别，完成腰省的固定。完成效果如图 5-30 所示。

右侧衣片方法同上。

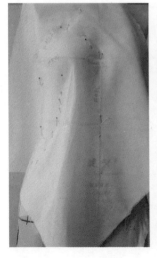

图 5-27 固定面料

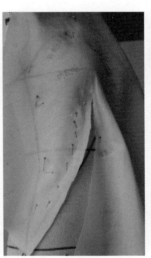

图 5-28 剪开胸腰

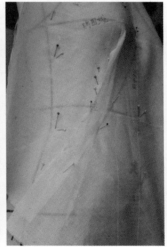

图 5-29 修剪多余省量

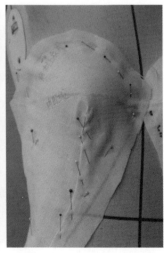

图 5-30 修剪、别合胸腰省

（2）前中不规则衣片立体裁剪。

将取样面料的中心线（45° 斜纱作为中心线）、胸围线与人台基准线对齐，用大头针固定前中线、胸围线、臀围线，将衣片沿臀围线水平推移至侧缝线并固定，如图 5-31 所示。用大头针在款式标记线以内 1 cm 处，临时固定裁片，留 2 cm 缝边，修剪裁剪多余面料，如图 5-32 和图 5-33 所示。

（3）前侧、前右侧裙片立体裁剪。

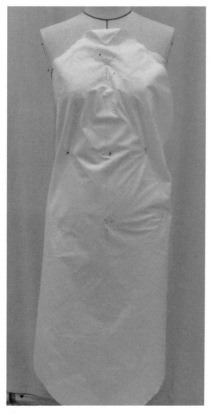
图 5-31 固定面料

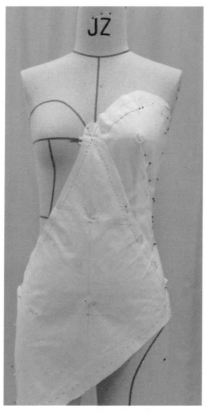
图 5-32 初步修剪（1）

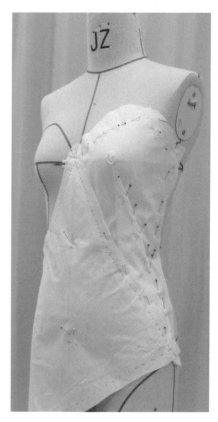
图 5-33 初步修剪（2）

将取样面料的臀围线、膝围线、前中线与人台基准线对齐，将面料临时固定，沿款式标识带固定裙片，在裙片表面粘贴标记线，大概确定外轮廓，固定侧缝，注意裙摆的外扩幅度要与效果图保持一致，如图 5-34 所示。沿裙片分割线掐别临时固定裙片，预留 2 cm 缝边，修剪多余布料，完成效果如图 5-35 所示。前右侧裙片制作方法参考前侧裙片。

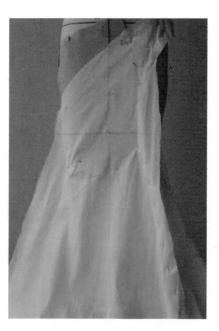

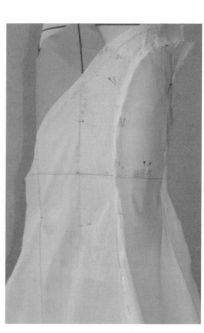

图 5-34 固定并初步裁剪　　图 5-35 别合、修剪前裙片及前侧裙片

（4）礼服后裙片立体裁剪。

将取样面料的后中心线、胸围线、臀围线与人台基准线对齐。固定后中心线、臀围线，根据公主分割线标识带的位置固定后中裙片，如图 5-36 所示。距标记线外预留 2cm 缝边，修剪多余面料，腰围线、膝围线处打若干剪口，修剪多余布料。用同样的方法立裁后侧裙片。最后，将所有后裙片，合并折别，留 2cm 缝边并修剪。效果如图 5-37 所示。

（5）假缝礼服。

用大头针假缝所有衣片，调整别合所有缝份，参照礼服实物图片，局部微调，直至整体造型满意为止，如图 5-38 ~ 图 5-40 所示。

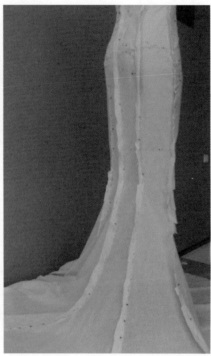

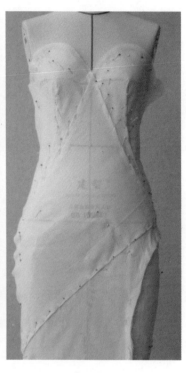

图 5-36 固定初裁后中裙片　　图 5-37 别、修剪所有后裙片及前侧片　　图 5-38 大头针别合衣片正面

图 5-39 别合衣片侧面　　　　图 5-40 别合假缝后的效果

根据款式标识线和人台基准线将所有衣片在衣片拼接处及关键位置做标识符号。注意衣片拼合位置的起始点、胸围线、臀围线、腰围线及膝围线等用水平线标识，其他部位可以用点或者斜线标识。前片不规则，全部要做标识；后裙片只需要在后中、后侧裙片做标示即可，如图5-41～图5-44所示。

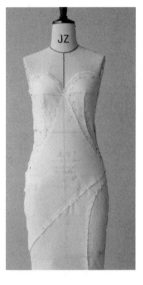 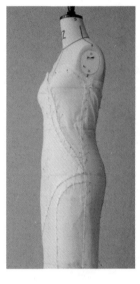 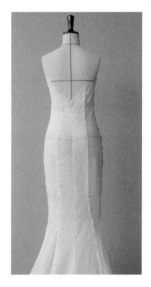 

图5-41 做正面标识符号　　图5-42 做侧面标识符号　　图5-43 做背面标识符号　　图5-44 前面标识呈现

（7）安肩带和装饰条。

肩带取长2 m、宽3 cm的直纱，腰部装饰条取长2.5 m、宽3 cm的斜纱左右对折，熨烫成宽0.7 cm的装饰条，共需8条。按照图片将装饰条临时固定。制作并固定褶皱装饰面料。

(8) 拆除修剪衣片。拆除衣片，画出衣片净纸样轮廓线，留2 cm缝边，再次修剪。注意前后侧缝线长度要保持一致，如图5-45所示。

图5-45 初始裁片

（9）纸样复制。

根据裁片拓画纸样，将裁片取下，用拷贝纸覆盖在裁片上，复制出纸样，如图 5-46 和图 5-47 所示。

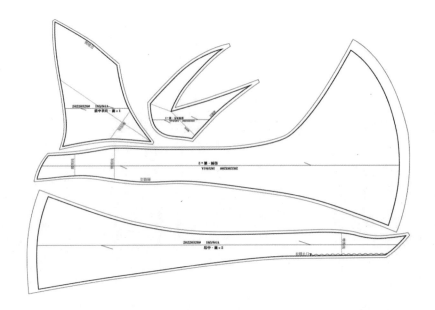

图 5-46　复制纸样 1

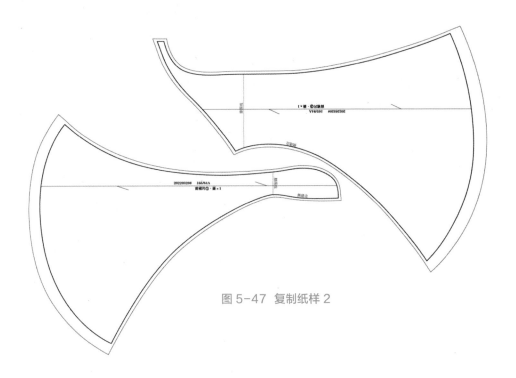

图 5-47　复制纸样 2

（10）缝制试样。

按复制的纸样进行铺料裁剪,结合款式质量要求缝制出成衣,完成立体裁剪成衣制作全过程,如图5-48～图5-50所示。

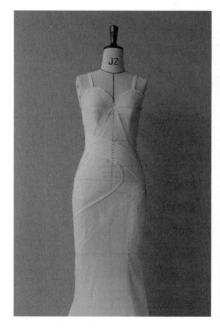

图 5-48 正面效果

图 5-49 背面效果

图 5-50 侧面效果

三、学习任务小结

本次任务主要学习了以下内容:

（1）创意性礼服的款式和结构特点，明确了操作要求;

（2）人台上贴制标识线的方法，取料原则及布料熨烫、整理方法;

（3）运用立体裁剪方法制作创意型礼服的方法和步骤;

（4）裁片修正、假缝、纸样复制、用白胚布缝制样衣的方法。

四、课后作业

设计一款礼服，结合礼服立体裁剪的方法，完成其立体裁剪，并制作出成品。

教学目标

（1）专业能力：了解无袖上衣的款式特点，能进行面料的估算，并正确撕取布料，能根据立体裁剪裁片进行布样假缝、纸样复制及样衣制作。

（2）社会能力：会分析服装款式图，并进行面料的估算；会正确贴制人台标志线；能运用立体裁剪假缝效果合理修正纸样，并完成样衣制作。

（3）方法能力：会总结所学知识要点，并能灵活应用；能养成良好的学习习惯；能与人有效沟通。

学习目标

（1）知识目标：了解无袖上衣的款式、面料特点和面料估算的方法。

（2）技能目标：能分析无袖上衣的款式特点，会正确撕取布料，能根据款式特点正确贴制人台标志线；能根据款式图合理进行立体裁剪操作；会依据立体裁剪的裁片进行假缝，并复制纸样制作样衣。

（3）素质目标：培养学生良好的学习习惯，增强专业学习兴趣，为日后进行服装立体裁剪打下基础。

教学建议

1. 教师活动

（1）发放立体裁剪需准备的材料和用具清单，要求学生做好课前准备。

（2）运用各种教学方法和手段，借助多媒体技术，通过展示图片、实物帮助学生认识无袖上衣的款式特点、面料要求、成衣质量要求。

（3）介绍面料的估算方法，能正确撕取布料，并进行立体裁剪和成衣制作的操作示范。

2. 学生活动

（1）准备立体裁剪与成衣制作所需的工具、材料。

（2）观看教师示范，学习人台准备、布料的撕取及整理方法，能参考教材完成立体裁剪与成衣制作。

一、学习问题导入

无袖上衣的立体裁剪要根据其款式的特点，设计合理的规格和尺寸，通过在人台上贴制正确的标志线来表现服装结构，并运用立体裁剪操作方法完成服装的立体造型，再依据立体裁剪的裁片制作纸样，完成样衣制作的过程。下面我们来学习具体的操作方法。

二、学习任务讲解

实训项目：无袖上衣立体裁剪与成衣制作。

1. 款式分析

圆领无袖上衣，后中分割装隐形拉链，前后腰部分割，前身倒 U 形分割，并在分割线中夹一条装饰边，如图 6-1 所示。

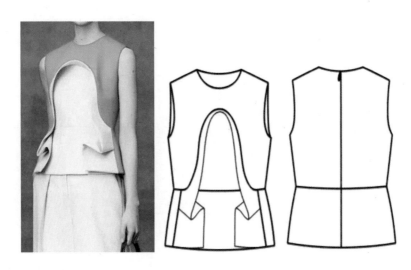

图 6-1 无袖上衣款式

2. 操作方法

（1）人台准备。

设计合适的领口、肩宽、袖窿、断腰位置、前身弧线分割位置及衣长位置；在人台上用色带标识出来，如图 6-2 所示。根据款式特点，领口比基础领稍开大；肩宽稍调小，袖窿稍开深，腰线稍抬高 1 cm；胸围线、前后中心线、侧缝线位置不变。

（2）坯布准备。

①前上片：长取前腰节长度 +10 cm；宽取前胸围 /2+10 cm。

②前中片：长取前中片中心长 +10 cm；宽取前腰围 /2+5 cm。

③前下片：长取前下片中心长 +10 cm；宽取前臀围 /2+5 cm。

④后上片：长取后腰节长 +10 cm；宽取后胸围 /2+10 cm。

⑤后下片：长取后下片中心长 +10 cm，宽取后臀围 /2+15 cm。

⑥装饰条：长取拼接位长度 +30 cm，宽取 30 cm 左右，正斜丝布料。

所有布块完成效果如图 6-3 所示。

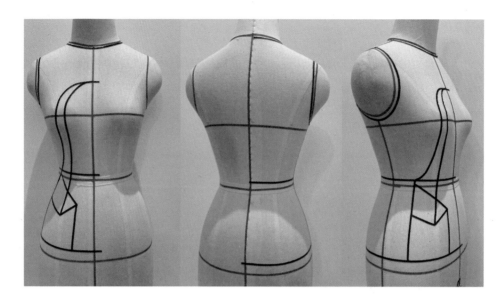

图 6-2 人台准备

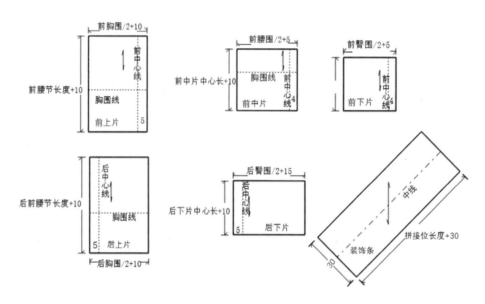

图 6-3 坯布准备（单位：cm）

3. 制作前衣身

（1）前上片立体裁剪。

①将准备好的前上片布料前中心线、胸围线与人台对应位置对齐，用大头针在中心线上、下位置，BP 点附近固定；将布料抚平，依次在领口线（留适当松量）、肩线、袖窿线（注意放出适当的前胸宽松量）、侧缝线（腰部放出适当松量）、腰线处用大头针固定，多余的胸省量推向前，抚平前分割线位置用大头针固定，完成前上片披布如图 6-4 所示。

②画好点影，预留 1.5cm 左右的布边，修剪多余布料，完成效果如图 6-5 所示。

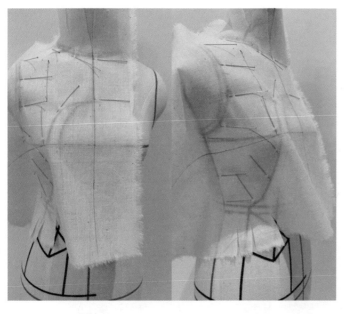
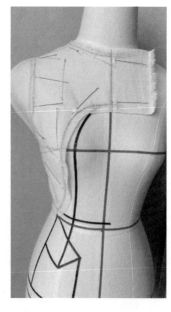

图 6-4 前上片立体裁剪（1）   图 6-5 前上片立体裁剪（2）

（2）前中片立体裁剪。

将前中片备布的中心线、胸围线与人台的对应位置对齐，用大头针在中心线、BP 点附近固定，抚平布料，预留适当松量，在腰线、分割线处用大头针固定，完成前中片立体裁剪披布，如图6-6所示。画好点影，预留1.5cm布边，修剪多余布料，完成效果如图 6-7 所示。

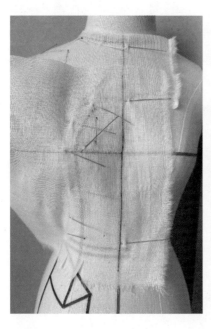
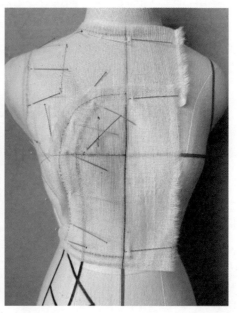

图 6-6 前中片立体裁剪（1）   图 6-7 前中片立体裁剪（2）

（3）前下片立体裁剪。

将前下片备布的中心线与人台的对应位置对齐，注意预留上、下边的操作量，用大头针在中心线上下固定，抚平布料，在腰线、侧缝线处用大头针固定、注意下摆胯部放出适当松量，完成前中片立体裁剪披布，如图6-8所示。画好点影，预留 1.5cm 布边，修剪多余布料，完成效果如图 6-9 所示。

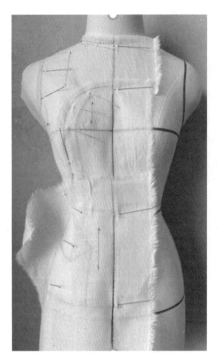
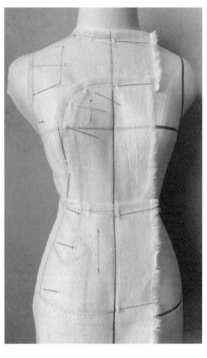

图 6-8 前下片立体裁剪（1）   图 6-9 前下片立体裁剪（2）

（4）后上片立体裁剪。

　　将后上片备布的中心线、胸围线与人台的对应位置对齐，用大头针在中心线固定，抚平布料，依次在后领口线、肩线、袖窿弧线、侧缝线、腰线处用大头针固定，将腰省部分推至后中处理掉，注意背部预留适当松量，完成后上片立体裁剪披布如图 6-10 所示。画好点影，预留 1.5 cm 布边，修剪多余布料，完成效果如图 6-11所示。

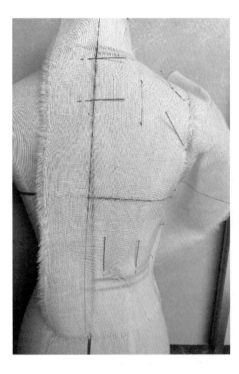
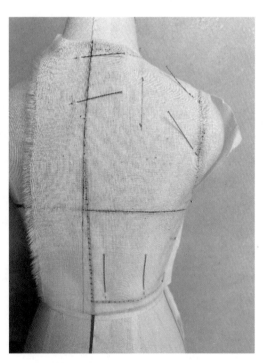

图 6-10 后上片立体裁剪（1）   图 6-11 后上片立体裁剪（2）

（5）后下片立体裁剪。

将后下片备布的中心线与人台的对应位置对齐，注意预留上、下边的操作量，用大头针在中心线上下固定，抚平布料，在腰线、侧缝线处用大头针固定，注意下摆胯部放出适当松量，后下片立体裁剪披布如图6-12所示。画好点影，预留1.5 cm布边，修剪多余布料，完成效果如图6-13所示。

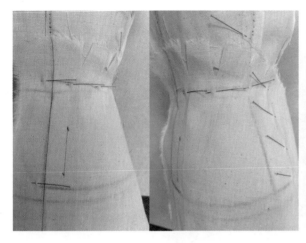
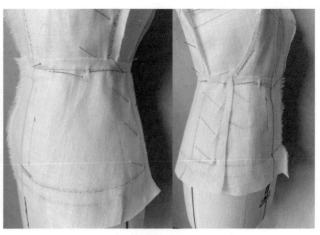

图6-12 后下片立体裁剪（1）　　　　　　　　图6-13 后下片立体裁剪（2）

（6）装饰条立体裁剪。

将备好的布料对折熨烫好，前中线与人台的前中对应位置对齐固定，起始处与前衣身垂直，边调整形状边打剪口，顺着弧线方向用大头针将装饰条固定在前身分割处，注意设计好下摆折叠量，调整好造型。完成装饰条立体裁剪披布，如图6-14所示。画好点影，修剪多余布料，完成效果如图6-15所示。

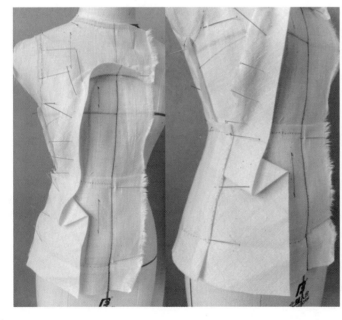

图6-14 装饰条立体裁剪（1）　　　　　　　　图6-15 装饰条立体裁剪（2）

（7）布样修正。

将布样取下，在平面上进行修正调整，画清晰轮廓线、结构线，并标记对位剪口，如图 6-16 所示。

（8）假缝试样。

用修正好的布样手缝或机缝将裁片缝合，完成上衣假缝，并穿在人台上，观察松量及各部位结构效果，如有问题进行调整修正，如图 6-17 所示。

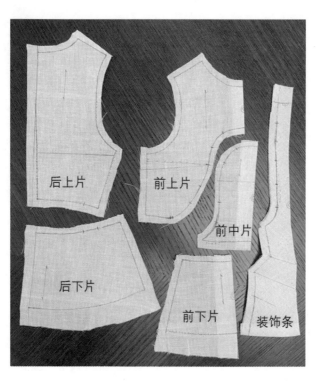

图 6-16 布样修正

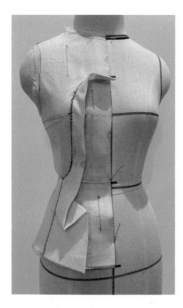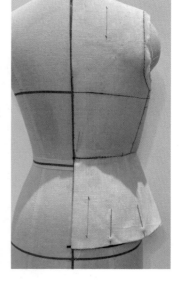

图 6-17 假缝试样

服 装 立 体 裁 剪

（9）纸样复制。

将样布取下，用拷贝纸覆盖在样布上，复制出纸样，如图 6-18 所示。

（10）成衣缝制。

按复制好的纸样进行铺料裁剪，结合款式要求缝制出成衣，即完成立体裁剪成衣制作全过程。

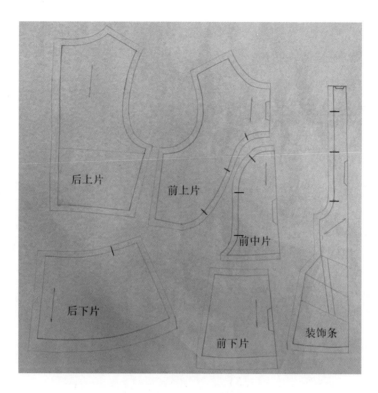

图 6-18 纸样复制

三、学习任务小结

本次任务学习内容如下：

（1）无袖上衣的款式结构特点、质量要求；

（2）人台上贴制标识线方法，撕取立体裁剪布块原则及布块整理方法；

（3）运用立体裁剪方法制作无袖上衣的方法；

（4）布样修正、假缝、纸样复制、成衣制作的方法。

四、课后作业

设计一款上衣，结合教材上衣立体裁剪造型与成衣制作方法，完成其立体裁剪，并制作出成品。

参考文献

[1] 於琳，张杏，赵敏 . 服装立体裁剪 [M]. 上海：东华大学出版社，2021.

[2] 张惠晴 . 服装立体裁剪与设计 [M]. 郑州：河南科学技术出版社，2017.

[3] 陶辉 . 服装立体裁剪基础 [M]. 上海：东华大学出版社，2021.

[4] 张军雄 . 服装立体裁剪 [M]. 上海：东华大学出版社，2019.

[5] 杨妍 . 服装立体裁剪与设计 [M]. 北京：化学工业出版社，2021.

[6] 邓鹏举 . 服装立体裁剪 [M]. 北京：北京理工大学出版社，2019.

[7] 钟利 . 服装立体裁剪实训 [M]. 上海：东华大学出版社，2017.